스타벅스★지리 여행

스타벅스 지리 여행

최재희
지음

스타벅스에서 시작하는 공부가 되는 지리 여행

북트리거

들어가며

스타벅스 자리에서 지리를 읽다

그야말로 커피의 시대입니다. 작가의 작업실에 놓인 원두커피, 열띤 토론이 이루어지는 회의장에 놓인 테이크아웃 커피, 어르신들이 모여 이야기꽃을 피우는 사랑방의 믹스커피는 공간을 완성하는 화룡점정(畵龍點睛)이죠. 모임의 분위기를 이끄는 음료 시장은 시나브로 커피가 통일하여 제국을 이룬 느낌입니다. '커피 없는 일상은 단팥 없는 찐빵'이라 표현해도 그다지 어색하지 않을 정도입니다. 잠깐이라도 테이블에 앉을 기회가 생기면, 마법에 홀린 듯 '커피 한잔'이 생각나는 일은 누구나 한 번쯤 경험해 봤을 겁니다.

우리나라에 처음 커피가 들어온 때는 19세기 후반 개화기 즈음입니다. 이 시기 최초의 국비 유학생으로 일본, 미국, 유럽 등을 돌아보고 귀국한 유길준은 1895년에 출간한 『서유견문』에 '서양의 커피는 한국의 숭늉과 같다'는 기록을 남긴 바 있습니다. 일본을 피해 러시아 공사관에 머물던 고종이 처음으로 커피 맛을 경험한 일도 한국의 커피 역사를 논할 때 빠지지 않는 소재입니다.

일제강점기를 살던 천재 시인 이상도 커피를 사랑했습니다. 다방 '제비'를 열고 정지용, 박태원, 이태준 등과 교류한 것은 흥미로운 일화입니다. 이상은 커피를 매개로 사람을 만나며 예술적 영감을 키워 갔을 테죠. 이러한 모습은 동서양을 막론하고 비슷한 일 같습니다. 천재 화가 빈센트 반 고흐도 파리 몽마르트르 언덕의 카페에서 커피를 매개로 예술가들을 만나 영감을 얻고, 그 영감을 구현하기 위해 캔버스 곁에 커피 한 잔을 놓았을 겁니다. 고흐가 생애 말년에 자주 찾던 프랑스 남부 아를의 '밤의 카페'가 〈밤의 카페 테라스〉라는 고흐의 작품에 아로새겨져 있는 걸 보면, 아마 분명 그랬을 겁니다.

커피 믹스와 자판기 커피의 성장도 한국의 커피 문화에서 빼놓을 수 없습니다. 1960년대 이후 급속히 퍼진 다방 문화와 인스턴트커피의 보급은 커피 대중화에 날개를 달았습니다. 그 중심에는 1968년 설립된 동서식품의 커피 믹스와 1970년대 서울역에 놓인 최초의 커피 자판기가 있었습니다. 둘은 서로 시너지 효과를 내며 커피 공화국의 훌륭한 시금석이 되었죠. 커피의 대중화는 오늘날 편의점과 커피전문점이 바통을 이어받아 여전히 빠르게 진행 중입니다.

커피 대중화의 시선을 커피전문점으로 제한하자니, 자연스럽게 스타벅스 커피점이 떠오릅니다. 1999년 이화여자대학교 앞에 1호점을 낸 스타벅스는 현재 2,000호점을 향해 가고 있습니다. 1971년 미국 시애틀에서 출발한 스타벅스는 세계에서 가장 많은 매장 수를 보유한 글로벌 커피 기업입니다. '별다방'이라는 별명에서 보듯, 스타벅스는 나날이 우리의 삶 속에 깊숙하게 자리매김하고 있죠.

스타벅스는 이슈 메이커입니다. 스타벅스 카페라테(tall size)를 기준으로 세계 각국의 상대적 물가 수준과 통화 가치를 비교하는 스타벅스 지수가 만들어진 것은 물론, 스타벅스를 도보로 이용할 수 있는 공간을 뜻하는 '스세권(스타벅스 생활권)'도 흥미로운 경제지표로 활용되고 있습니다. 스타벅스 입점이 모든 건물주의 꿈이라는 말이 지나친 표현이 아닐 정도로 스타벅스의 위세는 정말 대단하죠. 스타벅스는 동종 업계를 압도하는 자본력과 마케팅 능력으로 어느새 1등 커피점이 되었습니다. 맥도날드나 코카콜라처럼 세계적으로도 독보적인 공룡 기업이 된 셈입니다.

스타벅스의 독주를 바라보는 시선은 다양합니다. 스타벅스의 성공을 치열한 승부 끝에 얻은 달콤한 열매로 보는 견해가 있는 반면, 그 이면에서 자본력과 정보력에 눌린 영세 커피점의 슬픔을 읽어 내는 시각도 존재합니다. 전 국민을 고정 수요로 본다면, 스타벅스가 거둔 기대 이상의 성과는 결국 다른 커피점의 이익을 가져온 결과일 수 있습니다. 그런데 이 같은 자본의 논리는 충분히 수긍할 수 있는 부분도 있고, 수긍하기 힘든 부분도 있다는 양면성을 지닙니다. 그런 면에서 스타벅스의 충성 고객이라면 막강한 시장 지배력을 가진 스타벅스와 이로 인해 시장에 드리워진 다양성의 한계라는 그늘을 한 번 쯤 살펴볼 필요도 있을 것 같습니다.

그렇다면 '스타벅스의 자리'는 어떤 특이점이 있을까요? 2020년 겨울, 스타벅스가 1,500호점을 돌파했다는 기사를 접하고, 온라인 지도를 펼쳐 매장의 입지(location)를 두루 살펴보았습니다. 매장이 밀집한 곳과 그렇지 않은 곳은 어디인지, 어느 지역에 편중되어 있는지 살펴보면서, '이런 곳에 스타벅스가?'라는 생각이 들 정도로 의외의 장소에 있는 매장도 하나씩 점검해 보았죠. 이 작업은 전광석화(電光石火)와도 같이 이루어졌습니다. 하루 종일 스타벅스의 자리를 살피면서, 이에 대해 내린 결론을 두 개의 키워드로 정리할 수 있었습니다. 하나는 '유동인구', 다른 하나는 '경관'이었습니다.

스타벅스는 도시에서는 사람이 많이 들고 나는 자리를 선호했고, 도시를 벗어난 곳에서는 경관미가 뛰어나 사람의 이동이 많은 자리를 선호했습니다. 어찌 보면 상식처럼 느껴지는 결론이지만, 스타벅스는 거의 예외를 허용하지 않을 정도로 상식을 충실하게 따르고 있었죠. 유동인구와 관련된 스타벅스의 자리는 1장과 2장인 인문지리 파트에 담고, 경관미가 뛰어나 사람을 모으는 자연환경의 스타벅스는 3장과 4장인 자연지리 파트에 담아 이야기를 풀어 보았습니다. 통계청에서 자료를 확인하면서 스타벅스가 얼마나 유동인구에 집착하는지 알 수 있었고, 자연경관이 뛰어난 매장은 지리적 경관 포인트가 남다른 곳임을 확인할 수 있었습니다. 저는 이 경험을 가급적 많은 사람과 나누고 싶었습니다. 그리고 알리고 싶은 마음이 커졌습니다. 스타벅스의 자리는 상당히 지리적이라는 것을 말이죠.

지리학은 공간의 분포, 패턴, 인간과 자연의 상호작용 등에 관심이 큽니다. 그런 면에서 스타벅스의 자리는 상당히 지리적입니다. 압도적인 매장 수로 공간을 점유해 가고, 전용 애플리케이션을 이용하는 사람만도 1,000만 명에 육박하는 시점에서 스타벅스의 자리를 따져 보는 일은, 곧 공간의 입지를 따지는 일일 터입니다.

지리학을 바탕으로 한 이 책은 나아가 스타벅스 매장의 바깥에 관심이 많습니다. 스타벅스 매장 안에서의 경험은 전국 어디서나 비슷하겠지만, 매장 밖까지 확장하면 경험의 폭은 분명 넓어질 것이기에 그렇습니다. 이 책에 담긴 이야기는 스타벅스 매장 문을 열고 들어가기까지의 이야기와, 매장 안에서 바깥을 바라보는 경험에 초점을 두고 있습니다. 이 책을 통해 알아 가는 스타벅스의 자리는 결국, 우리 국토와 삶의 공간을 조금 더 풍성하게 이해하기 위한 도구가 되어 줄 것입니다.

이 책의 원고는 가급적 스타벅스 매장에서 쓰고자 했습니다. 제주에서 한 달을 보내면서도 오전 시간을 할애해 스타벅스를 찾았고, 서울에서는 주말을 이용해 홍대와 여의도, 강남과 대치동의 스타벅스를 오갔습니다. 가족 여행을 스타벅스 매장을 중심으로 짜 보기도 하고, 글감의 소재가 된 매장에 앉아서는 미처 채우지 못한 글의 영감을 찾기도 했습니다. 이러한 경험은 저에게 신선한 자극이자 생활의 활력소가 되기에 충분할 정도로 가슴 벅찬 일이었습니다.

감사의 마음으로 책을 갈무리하고 싶습니다. 땅을 바라보는 넓은 시야와 땅에 대한 겸손한 마음을 알려 주신 오경섭 은사님께 깊이 감사드립니다. 맥주 한잔을 벗 삼아 후학을 격려하고 지리학의 의미를 돌아보게 해 주신 권정화 은사님께 감사드립니다. 부족한 원고의 학문적 오류를 잡아 주고 진심 어린 애정과 관심으로 후배를 독려해 주신 조헌 박사님께도 깊은 감사를 드립니다. 설익은 책에 관한 구상을 구체화할 수 있도록 도와주고 또 꼼꼼하게 책을 만들어 주신 북트리거 윤소현 편집장님께 각별한 감사의 마음을 전합니다. 한결같은 마음으로 사위를 지지해 주시는 장인·장모님과 동생을 아끼고 챙겨 주는 누나 최주희 님께 깊이 감사드립니다.

끝으로 하늘에 계시는 보고 싶은 아버지와 자식 뒷바라지로 평생을 헌신하신 존경하는 어머니, 지혜로운 인생의 반려자인 김현정 님과 목숨과도 같은 두 아들 형준·이준에게 존경과 사랑의 마음을 담아 이 책을 전합니다.

2022년 가을

최재희

이 책에 나오는 스타벅스 지점

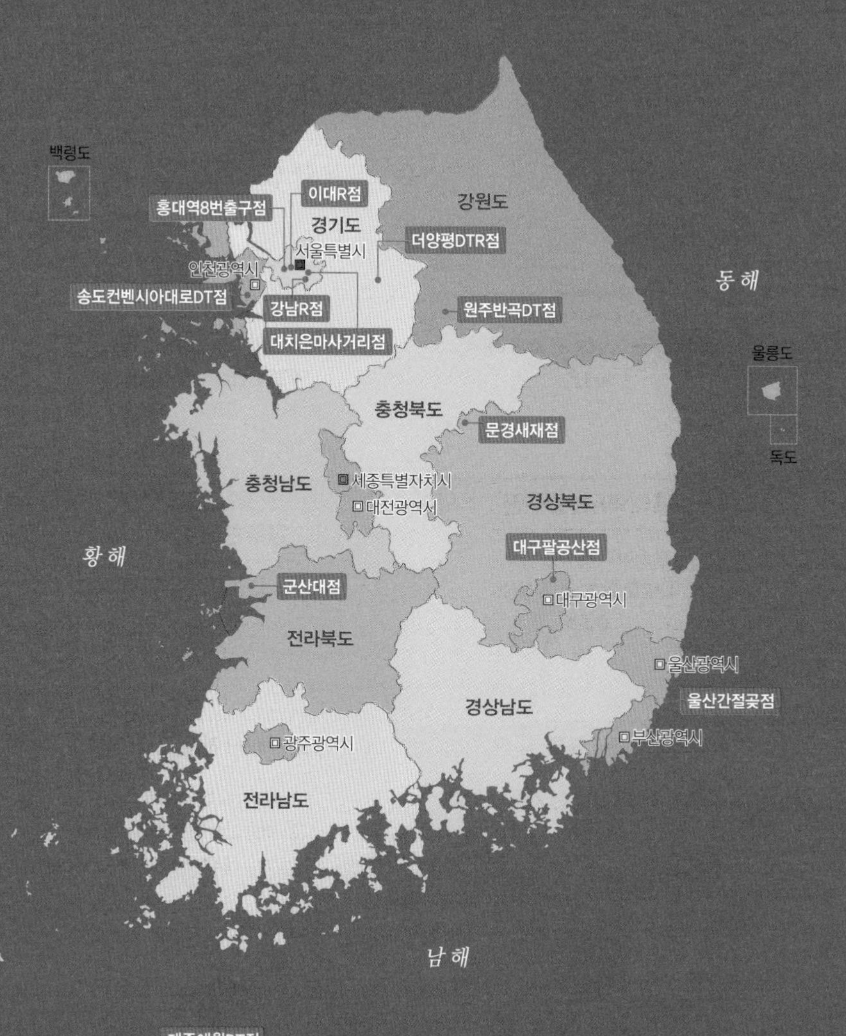

스타벅스와함께하는세계지리

스타벅스와함께하는세계지리

CONTENTS

스타벅스와 함께하는 세계지리

스타벅스와 함께하는 세계지리

1장

핫 플레이스

공간에 담긴 정보는 힘이 세다

이대R점

1990년대, 이화여자대학교 정문 앞 거리는 '아름다움'으로 가득 차 있었습니다. 개성 넘치는 패션 피플들이 서울 곳곳에서 몰려들었고, 주변 골목은 온갖 예쁜 옷과 액세서리로 넘쳐 났죠. 대형 건물의 널찍한 자리마다 유명 미용실이 자리한 것은 물론, 수많은 화장품 가게가 지나가는 이들의 발길을 붙잡았습니다. 1999년, 이처럼 패션과 뷰티 트렌드를 선도하던 이대 앞에, 그것도 이대 정문에서 150m밖에 안 떨어진 곳에 '스타벅스 1호점'이 문을 열었습니다. 하고많은 곳을 두고 이대 앞에 스타벅스가 1호점을 낸 까닭은 과연 무엇일까요?

우리나라 스타벅스 1호점,
이대 앞에 문을 열다

어떤 기업이든 1호 매장은 큰 상징적인 의미를 지닙니다. 특히 프랜차이즈 업체의 경우는 그 의미가 상당해서, 각 업체는 1호 매장을 성공시키기 위해 최선을 다하죠. 따라서 1호점을 어디에 열 것인지는 무척 중요한 문제입니다.

커피를 좋아하는 저는 주말이면 이곳저곳 카페 투어를 하는데, 편하게 책을 읽고, 다양한 음료를 맛볼 수 있는 곳으로는 스타벅스만 한 곳이 없더라고요. 그러다 문득 제가 즐겨 방문하는 스타벅스의 1호점은 어디에 있을지 궁금해졌습니다.

스타벅스의 1호점은 종로나 강남, 명동처럼 유동인구가 많은 곳에 있을 거라 생각했는데, 의외로 이화여자대학교 앞에 1호점이 있었죠. 그래서 스타벅스 지리 여행의 첫 여행지로 '이대R점'을 선택했습니다. 날씨 맑은 어느 날, 이대R점으로 가기 위해 지하철 2호선 열차를 타고 이대역으로 향했습니다.

몇 년 만에 온 이대 앞은 낯설기 그지없었습니다. 이대 앞 상권은 오랫동안 침체를 겪었지만, 코로나19가 있기 전만 해도 거리에는 꽤 많은 사람이 오가고, 화장품이나 액세서리 가게가 외국인 관광객들을 불러모으고 있었어요. 그런데 대부분 사라지고 없었습니다. 아무리 평일 낮이라고는 하지만, 이렇게 이대 앞 거리에서 적막함이 감돌 줄은 상상도 못 했죠. 그러고 보니 요즘 MZ 세대에게 이화여대에 대해 어떻게 생각하냐고 물으면 '잘 모르겠다'고 말할지도 모르겠군요. 학생들이 선호하는 '지하철 2호선 대학' 중 하나라는 것 외에는 내세울 게 없어 보입니다.

1990년대 이대 앞,
그땐 그랬지

사실 1990년대만 해도 신촌을 포함한 이대 주변은 명동·종로와 함께 강북의 3대 상권이라 불릴 만큼 핫한 곳이었습니다. 당시 이화여대 앞은 서울에서도 손꼽히는 번화가였죠. 이곳이 주목받을 수 있었던 핵심 요인은 '패션'이었어요. 대로변에는 메이저 패션 브랜드 매장이 줄지어 있었는데, 특히 이대 앞은 소비자의 선호도나 반응을 알아보기 위한 안테나 숍(antenna shop)이 자리 잡는 대표적인 장소였습니다. 그리고 뒷골목은 실력 있는 디자이너들이 차린 옷이나 액세서리 가게들로 가득 차 있었죠. '패션의 메카' 이대 앞은 대학생 위주의 젊은이들로 늘 붐볐습니다. 이대 주변 공간의 시계를 뒤로 돌려 1990년대의 대표적인 이미지를 상상하면, 수많은 젊은이가 각양각색의 옷을 고르며 행복한 표정을 짓는 모습이 떠오릅니다. 지금과 사뭇 다른 모습이지만, 그땐 그랬죠.

하지만 이대 상권의 분위기는 어느 순간부터 예전과 다른 모습으로 차츰 바뀌어 갔습니다. 흥미롭게도 이런 변화는 전자상거래 발달과 무관하지 않습니다. 1994년, 세계 최대의 온라인 쇼핑몰 아마존(Amazon)이 사업을 시작했습니다. 당시 오프라인 매장 없이 물건을 판매하는 일은 두렵고 생경한 시도였죠. 아마존이 본격적으로 사업을 시작하기 전에는 매장에서 어루만지고 비교하며 물건을 고르는 재미를 차가운 디지털 공간이 대체하기 힘들 것이라는 의견이 지배적이었습니다. 그러나 '불가능은 없다'는 어느 특수부대의 구호처럼, 오프라인 매장의 필요성은 웹페이지의 개선과 빠른 소비자 대응 전략으로 말끔히 대체되고 말았어요. 온라인 매장으로 쏠쏠한 재미를 본 아마존의 성공은 많은 후발 주자를 양산했고, 그 대열에 우리나라 대기업이 빠질 수 없었습니다.

롤 모델인 아마존을 좇아 온라인 쇼핑 사업에 뛰어드는 국내 대기업이 우후죽순 생겨났습니다. 이른바 온라인 쇼핑 시대가 도래한

2000년대 초반 이대 패션 거리 풍경. 이때까지만 해도 이대 앞은 대학생 위주의 젊은이들로 붐볐다.

거죠. 1996년 인터파크에서 처음 시작한 한국형 온라인 쇼핑몰은 온라인 경매를 바탕으로 성장한 옥션으로 이어지면서 안정적인 성장세에 접어들었습니다.

이러한 분위기를 한껏 고조시킨 것이 한국형 온라인 커뮤니티의 성장이에요. 소위 '90년대생' 이전 세대에게 익숙한 '아이러브스쿨', '다음카페' 등이 이 무렵 빠르게 성장하면서 온라인 쇼핑의 분위기는 한껏 무르익었죠. '패션의 메카'로 명성을 떨치던 이대 앞 상권에 스타벅스가 문을 연 시기도 바로 이즈음입니다.

이대 앞,
'오피스텔의 메카'로 변신하다

1999년 7월 27일, 우리나라 최초의 스타벅스인 '스타벅스 이대점'이 문을 열었습니다. 스타벅스의 핵심 고객층은 젊은 사람들이고, 그중에서도 여성입니다. 젊은 여성은 이른바 싸고 맛있는 '믹스커피'에 길들여진 기호를 고급 커피로 옮겨 올 첫 번째 고객이었죠. 수다에 맛과 향을 더하는 커피 문화를 전파하는 데는 여자대학 앞, 그리고 젊은 여성이 즐겨 찾는 '패션의 메카'만 한 곳이 드물었다는 겁니다. 이는 일찍이 스타벅스가 커피 대중화를 선언하면서 그렸던 매장의 풍경과 정확히 오버랩합니다. 이대 주변이 '패션의 메카'로 번창하는 만큼 이대점도 상승 곡선을 그리며 성장해 갔죠.

하지만 이대 앞 패션 거리의 성장은 결국 오프라인 매장의 소비와 맞물려 있었고, 그런 면에서 온라인 쇼핑의 발달은 굉장히 위협적이었습니다. 누구의 눈치 볼 것 없이 방구석에서 연중무휴로 찾을 수 있는 온라인 매장의 이점은 상당했어요.

이대 앞 패션 거리는 서서히 쇠락의 길로 접어들었습니다. 한껏 고조된 상권의 분위기 속에서 오를 대로 올라 버린 임대료 문제도 임차인이 버티기 힘든 원인이었죠. 이와 같은 악조건에서 폐업하는 상점이 늘어 갔고, 가게를 빌리려는 사람들은 임대료가 저렴한 곳을 찾아 나서기 시작했습니다. 이른바 공간의 젠트리피케이션(gentrification)

이대역 대로변 일대에 높이 솟은 오피스텔 건물들.
한때 '패션의 메카'였으나, 상권이 한풀 꺾이면서 이대역 주변은
'오피스텔의 메카'로 변모했다.

현상이 나타나게 된 겁니다.

주저앉은 상권에서 상가에 세 들 임차인을 찾는 것은 무척 힘든 일이었습니다. 물건을 내놓기가 무섭게 팔려 나가던 과거는 그저 지나간 추억일 뿐이었죠. 자금력이 부족한 이들은 더 이상 버티지 못한 채 건물을 내놓을 수밖에 없었고, 이러한 분위기는 좁은 면적에서 더 많은 이윤을 남길 수 있는 오피스텔 임대 사업 바람으로 이어졌습니다. 건물주들이 자연스럽게 오피스텔 사업에 눈을 돌리기 시작한 겁니다.

이쯤에서 이대점 주변의 공간 특징, 특히 대학교, 대형 병원, 관공서가 밀집한 환경에 주목할 필요가 있습니다. 오피스텔의 핵심 수요는 혼자 생활하는 대학 자취생, 신출내기 직장인이에요. 그들의 생활 공간인 이대 앞은 오피스텔이 자리 잡기에 더없이 좋은 곳이죠. 가게가 하나둘씩 문을 닫고, 상가에 공실이 늘어나자, 상가 건물은 차츰 탄탄한 자본력을 갖춘 건설사나 자본가에게 넘어가게 됩니다. 이들은 많은 자본으로 건물을 사들여 오피스텔로 바꿔 나갔죠. 그렇게 하나둘씩 오피스텔 건물이 늘어나면서 이대 주변은 '오피스텔의 메카'로 탈바꿈하게 됩니다. 그러자 스타벅스도 변화를 시도합니다. '이대점'에서 'R'를 붙인 '이대R점'으로요.

이대점에서 이대R점으로의 변신

이대가 '이화여자대학교'의 줄임말인 건 모두 알 테고, 'R점'은 도대체 무엇을 뜻할까요? 스타벅스의 점포 이름에는 위치와 정체성, 그 모든 것이 담겨 있습니다. 그러니 스타벅스 지리 공부의 첫 단추는 점포 이름을 따져 묻는 일에서 시작해야 합니다.

이대R점에서 R는 영어 '리저브(reserve)'의 앞 글자입니다. 리저브는 '예약하다'라는 뜻으로 널리 쓰이지만 '저장, 비축'이라는 의미도 있는데, 특히 와인을 판매하는 곳에서 자주 들을 수 있는 단어죠. 와인 애호가들 사이에서 리저브라는 단어는 잘 숙성된 와인, 흔히 '생산지의 와이너리(winery, 포도주 양조장)에서 1년 이상 숙성된 와인'을 뜻해요. 스타벅스는 바로 이 의미를 차용했습니다. 커피로 치자면 고급 원두를 사용한 프리미엄 커피를 말하는 것으로, 스타벅스는 2014년부터 리저브 매장을 운영하고 있죠. 현재 우리나라에서 리저브 매장으로 운영되고 있는 스타벅스는 83곳(2022년 7월 기준)이라고 합니다.

앞서 스타벅스가 1999년에 처음 이대 앞에 문을 열었다고 했죠? 이때만 해도 이곳은 이대점이었는데, 2019년 한국 진출 20주년을 기념해 1호점인 이곳을 리저브 매장으로 리뉴얼해 재오픈했어요. 리저브 매장의 포인트는 좋은 원두를 이용해 숙련된 바리스타가 직접 커피를 내려 주는 겁니다. 그래서 리저브 커피는 일반 스타벅스 커피보

이대역 주변 지도. 이화여자대학교와 이대역 사이에는 오피스텔이 빽빽이 들어차 있고, 근처에는 서강대·연세대와 경의중앙선의 신촌역·서강대역, 2호선의 신촌역이 자리하고 있다.

다 가격이 다소 비싸죠. 새내기 대학생을 비롯한 젊은이가 주를 이뤘던 과거라면 가격 경쟁력이 낮은 리저브 매장이 들어서기 쉽지 않았을 겁니다. 하지만 새내기 직장인을 비롯한 근로소득자가 거리를 메우니, 스타벅스는 과감하게 리저브 매장으로의 변신을 시도할 수 있었습니다. 공간 특징의 변화는 스타벅스가 재빨리 옷을 갈아입도록 부추겼어요. 그렇게 패션의 메카에 적응했던 '이대점'은 오피스텔의 메카에 적응한 '이대R점'이 되었습니다.

이제 이대R점의 위치를 한번 살펴보도록 하죠. 이대R점의 자리를 따져 보려면 스마트 기기가 필요합니다. 알아보는 방법은 간단합니다. 지도 애플리케이션을 실행하고 검색창에 이대R점을 입력하면 끝이죠. 디지털 공간에서 찾아간 이대R점의 위치는 국토지리정보원과 포털사이트가 협력해 만든, 정확한 경위도 좌표를 따질 수 있는 가상공간에 하나의 점으로 표시됩니다.

점을 찾아 이동한 공간에서 손가락 핀치 또는 지도 확대 및 축소 기능을 이용해 때론 좁게, 때론 넓게 지도를 살펴봅시다. 그러면 가장 먼저 북쪽의 이화여자대학교와 남쪽의 이대역이 눈에 들어오고, 그 사이 공간에는 빽빽이 들어찬 오피스텔이 눈에 띕니다. 조금 더 범위를 확장하면, 이화여자대학교 왼쪽의 연세대학교와 이대역 아래쪽의 서강대학교를 확인할 수 있고, 그들과 연계된 경의중앙선의 신촌역과 서강대역, 2호선의 신촌역이 좁은 공간에 오밀조밀하게 자리함을 알 수 있죠. 대학교와 대형병원, 백화점과 영화관을 위시한 대규모 상권이 밀집한 공간이라는 것, 지하철역이 많은 공간이라는 것은 이대R점의 자리가 꽤 핫 플레이스(hot place)임을 증거합니다.

공간에 담긴 정보는 힘이 세다!

누구나 한 번쯤 이런 경험이 있을 거예요. 꽉 막힌 도로에서 옥수수나 뻥튀기 같은 주전부리 파는 상인들을 만난 일 말입니다. 이들의 행위는 특정 시간대에 차들이 길게 늘어서는 '자리'를 어떻게든 찾아내 목적을 달성하려고 노력한 결과입니다. 맞습니다. 사업이 크건 작건 장사를 하려면 '자리'가 좋아야 하는 법입니다. 자리는 일상 곳곳에서 부지불식간에 우리를 지배하는 힘 있는 존재입니다.

장사하는 사람이 살피는 자리를 지리학에서는 '입지(立地)'라 부릅니다. 입지는 인간이 경제활동을 하는 장소로, 쉽게 말해 돈 벌기 좋은 자리라는 뜻이죠. 조선 후기 지리학자 이중환은 『택리지』(1751)에서 사람의 이동이 많고, 교통수단이 교차하는 곳, 시장이 서는 곳을 '목이 좋은 곳'으로 평가한 바 있습니다. 그는 '풍수지리, 경치 좋은 곳, 인심 좋은 곳, 돈이 도는 곳' 등을 토대로 사대부가 살기 좋은 자리를 살폈고, 심지어 죽은 사람의 자리를 따지는 것도 중요하다고 봤어요. 하물며 첨단의 시대를 달리는 오늘날 사람들은 자리를 따지는 일에 더욱 세심한 주의를 기울이겠죠. 스타벅스는 치밀하고 논리적인 구조로 자리를 따지길 원했어요. 그래서 차별화된 지리정보시스템(GIS)에 지대한 관심을 두기 시작했습니다.

지리정보시스템이란 공간의 정보를 디지털로 바꿔 컴퓨터에서 분석할 수 있는 도구입니다. 우리나라에서 지리정보시스템의 필요성을 절실히 느끼게 된 계기는 1990년대 여러 번의 국가 재난을 겪으면서입니다. 성수대교 붕괴, 삼풍백화점 붕괴, 대구 공사장의 가스폭발 사건 등은 국가의 기간 시설을 더 정밀하게 관리해야 함을 강조하는 계기가 됐죠. 그래서 정부는 공간의 여러 시설과 기능들을 모두 디지털로 변환하는 작업을 했고, 그 안에 많은 정보값을 담았습니다.

공간에 담긴 무한의 정보는 힘이 셌어요. 기업은 몇 시부터 몇 시까지 어느 연령대의 사람이 이 길을 얼마나 오가는지, 이 빌딩에 근무하는 사람들은 남성과 여성 중 어느 성별이 많은지, 이들의 연평균 소득 수준과 소비 패턴은 어떠한지, 최근 어떤 물건을 온라인으로 구매했는지, 이곳의 평균 지가와 임대료 추이는 어떻게 되는지, 인근 지하철역에서는 몇 시에 사람이 가장 많이 타고 내리는지 등을 세밀하게 분석할 수 있게 됐죠. 이른바 빅데이터(big data) 시대가 열리면서 지리정보시스템을 활용해 최적의 입지 장소를 찾는 일이 가능해졌다는 뜻입니다.

스타벅스는 입지 분석에 특화된 시스템인 '아틀라스(Atlas)'를 독자

스타벅스 강남교보타워R점(위) 스타벅스 수서역R점(아래). 스타벅스는 2018년부터 프리미엄 매장을 크게 늘리고 있다. 이는 아틀라스 시스템을 통해 분석한 데이터를 바탕으로 고급화·차별화된 고객 취향을 반영한 결과다.

적으로 개발하기에 이릅니다. 아틀라스를 이용하면 앞서 열거한 조건은 기본이요, 스타벅스만이 가지고 있는 누적 데이터도 입지 분석에 활용할 수 있죠. 가령 몇 군데 후보지를 놓고, 그중 어떤 지역 사람들이 온라인으로 스타벅스 굿즈(goods)를 더 많이 구매했는지 따질 수 있고, 그에 따른 기대 매출액을 수십 번 넘게 시뮬레이션할 수 있습니다. 스타벅스가 자리를 따지는 행위는 마치 도자기 장인이 원하는 수준의 작품이 나올 때까지 수십, 수백 번 도자기를 깨고 다시 만드는 철저한 자기 검열의 과정과 비슷합니다. 그래서 스타벅스가 자리할 가능성은 어떤 공간에나 열려 있지만, 그 기회는 아무 공간에나 주어지지 않죠.

스타벅스는 이렇듯 깐깐하게 고른 최종 후보지에 매장을 내고도 더 치밀한 사후관리를 하는 것으로 유명합니다. 하루에 몇 잔의 커피를 팔았는지, 어떤 커피를 어느 시간대에 더 많이 팔았는지, 해당 지역의 날씨와 판매된 음료는 어떤 상관관계가 있는지를 치밀하게 모니터링하죠. 한여름 날, 여러분이 스타벅스에서 구매한 얼음 알갱이로 가득 찬 프라푸치노 음료 한 잔은 해당 매장의 빅데이터를 기반으로 개발된 예상 메뉴일 수 있어요. 그런 면에서 손에 쥔 스타벅스 음료 한 잔은 '스타벅스의 자리'와 무관하지 않습니다.

젠트리피케이션으로 몸살을 앓는 홍대 상권

홍대역8번출구점

'홍대' 하면 가장 먼저 떠오르는 건 '젊음의 거리'입니다. '버스킹, 최신 트렌드가 반영된 옷가게와 액세서리 가게들, 경의선 숲길, 연남동·망원동 맛집'도 홍대와 함께 떠오르는 단어들이죠. 홍대는 분명 대학교인데, 그 이름을 머릿속에 떠올리는 순간 함께 생각나는 단어는 대학교와는 좀 거리가 있습니다. 우리나라에서 가장 핫한 키워드만 모아 놓은 느낌이에요. 홍대 상권은 가히 전국구라 할 수 있을 정도로 많은 이들에게 사랑받는 젊음의 성지입니다. 심지어 외국인들도 서울에 오면 꼭 들르는 관광 코스 중 하나죠. 그러면 홍대 상권에 있는 스타벅스는 어떤 특징을 갖고 있을까요?

매장 이름이
'홍대역8번출구점'?

이대에 있는 스타벅스 1호점을 방문한 뒤, 내친김에 근처에 있는 홍대입구역에 있는 스타벅스를 방문하기로 했습니다. 버스를 탈까, 지하철을 탈까 고민하다가 결국 걸어가기로 했죠. 지하철로 두 정거장밖에 되지 않는 거리라 충분히 걸을 만했거든요. 게다가 이대역과 홍대입구역 사이에는 신촌역이 있습니다. 신촌 상권도 예전 같지 않다는 이야기를 많이 들어서, 한번 눈으로 확인하고 싶었습니다. 지나가면서 눈으로 확인한 신촌 상권은 쇠락한 티가 역력했습니다. 그래도 우리나라에선 내로라하는 상권 중 하나인데, 아무리 봐도 10년 전 그 모습 그대로인 듯 보였죠. 낡은 가게들, 생기 없는 거리만이 그 자리를 지키고 있었습니다.

신촌역을 지나 큰길을 따라 홍대입구역을 향해 가다 보면, 오른쪽으로 경의선 숲길[1] 연남동 구간이 보이기 시작합니다. 경의선 숲길로 향하는 발걸음을 자제하고 다시 홍대입구역을 향해 걸으면, 오늘 방문하려는 스타벅스를 만날 수 있습니다.

이번에 찾은 스타벅스는 '홍대역8번출구점'입니다. 매장 이름이 홍대역8번출구점이라니, 좀 당황스러웠습니다. 홍대역 8번 출구가 어떤 의미를 지닌 곳이기에 매장에 이런 이름을 붙였을지 궁금했죠. 2022년 9월 기준, 스타벅스 매장에 ○번 출구라는 이름이 붙은 곳은 모두 세 곳입니다. 하나는 홍대역8번출구점이고, 나머지는 선유도역1번출구점과 화곡역8번출구점이죠. 굳이 출구 이름을 활용한 것에는 두 가지 까닭이 있을 거예요. 하나는 출구가 공간적으로 큰 의미를 지닌 경우이고, 다른 하나는 주변에 랜드마크나 존재감 있는 기관이 없는 경우죠.

결론부터 말하자면 '홍대역8번출구'는 핫 플레이스로 나가는 길목이라서, '선유도역1번출구'와 '화곡역8번출구'는 주변에 특정할 만한 랜드마크가 없어서 사용한 경우에 해당합니다. '홍대입구역' 그중에서도 '8번 출구'는 단순한 출구 이상의 존재감을 뽐내는 핫 플레이스입니다. 하루에도 무수히 많은 사람이 오가고, 무수히 많은 사람이 이곳에서 만나고, 또 많은 사람이 소셜 네트워크(SNS)로 이 주변의

1 가좌역에서 시작해 용산구 문화체육센터까지, 총 길이 6.3km에 이르는 선형 공원이다. 하지만 중간에 도로, 건물 등으로 끊어진 곳이 있어서 실제 숲길로 조성된 구간의 길이는 3.8km 정도다.

홍대입구역 주변 지도. 홍대입구역은 철저히 주변 지역의 공간 수요에 따라 출구가 정해진 역으로, 조금 과장해서 말하면 몇 번 출구로 나가느냐에 따라 어느 정도 목적지까지 유추가 가능할 정도다.

맛집을 공유하죠. 스타벅스가 서울에서 최초로 워크 스루(walk thru), 다시 말해 걸으면서 커피를 간편하게 테이크아웃할 수 있는 매장을 홍대역 8번 출구에 연 것도 그런 이유에서입니다.

본격적으로 이야기를 시작하기 전에 흥미로운 이야기를 하나 해볼까요? 혹시 홍대입구역에 놀러 가서 홍익대학교를 찾아본 적이 있는지 궁금합니다. 지하철역 이름은 '홍대입구'지만, 사실 이 역 바로 옆에는 홍익대학교가 없습니다. 400m 정도나 떨어져 있죠. 홍대입구역은 본래 동교동과 가까워 동교역이라는 이름으로 개통이 예정되어 있었어요. 그런데 홍익대학교의 적극적인 요청으로 개통 4일 전에 홍대입구로 이름이 변경되었다고 합니다.

6호선이 개통되면서 실질적으로 홍익대학교와 제일 가까운 지하철역은 상수역이 되었지만, 홍대입구역 주변은 홍대 거리, 홍대 상권 등, 이른바 '홍대'라고 불리는 하나의 브랜드로 굳건히 자리 잡았습니다. 우리나라 사람은 물론, 외국인들도 서울에 오면 꼭 들르는 진정한 핫 플레이스가 되었죠. 그만큼 홍대입구역을 방문하는 사람들도 많아서, 코로나19 이전인 2019년 일평균 이용객이 20만 명을 넘었다고 하는군요.[2]

2 하루 평균 승하차 인원 통계를 보면, 2019년 20만 5,323명, 2020년 11만 7,806명, 2021년 11만 6,934명이었다.

홍대입구역 ○번 출구에서 만나!

특이하게도 홍대 주변에서 만나기로 약속하는 사람들은 그 장소를 '홍대입구역 ○번 출구에서 만나자'는 식으로 이야기하는 경우가 많습니다. 그날 모임의 성격에 따라 몇 번 출구로 나가는지가 결정되기 때문이죠. 과장을 조금 보태면, 몇 번 출구에서 만나기로 했느냐에 따라 어느 정도 목적지까지 유추할 수 있습니다. 지하철역의 출구는 지하 공간을 지상으로 연결하는 관문으로, 사거리를 중심으로 네 모퉁이에 만드는 것이 일반적입니다. 하지만 지하철을 설계할 당시의 공간 수요에 따라 이런 문법은 얼마든지 바뀔 수 있어요. 가장 대표적인 곳이 홍대입구역으로, 홍대입구역은 철저히 주변 지역의 공간 수요에 따라 출구가 정해진 역에 해당합니다.

출구별로 대략 질서를 잡아 보면, 이른바 '핫 플레이스 홍대 거리'로 나가는 핵심 출구는 2호선 '8번 출구'입니다. 2호선 8번 출구로 나가면 '홍대 걷고 싶은 거리' 중앙로터리를 만나 위아래 원하는 방향으로 이동할 수 있습니다. 거기서부터 주변으로는 카페와 음식점, 문화공간이 즐비하죠. '9번 출구'는 '홍대 패션 거리'[3]와 가까이 닿습니다. 홍대 패션 거리를 가득 메운 각종 액세서리와 의류, 반려동물용품들

3 '홍통거리', 곧 '홍대로 통하는 거리'라고도 불린다.

은 행인의 이목을 잡아끌기에 충분합니다. 처음 보는 신기한 물건과 독특한 감각의 패션 의류가 지나는 이들의 시선을 사로잡죠.

2호선 9번 출구 맞은편에는 '1번 출구'가 있습니다. 1번 출구는 영화관을 찾는 이와 동교동·서교동·성산동 주택가로 향하려는 주민이 주로 이용합니다. 2호선 8번 출구 맞은편의 '2번 출구'는 대형 서점 및 동교동 주택가로 이어지고요. 이렇게 보니 2호선 홍대입구역은 교차로가 아닌 양화로 주변의 공간 수요에 맞춰 입구를 놓은 지하철역이라는 것이 특징적입니다. 그래서 2호선 '홍대입구역 ○번 출구'는 약속 장소로 훌륭한 지표가 될 수 있습니다.

홍대 거리,
핫 플레이스로 성장하다

1984년 개통된 2호선 홍대입구에는 본래 6개의 출구가 있었습니다. 그러던 것이 공항선(2010년), 경의중앙선(2012년)이 차례차례 생기면서 9개로 늘었죠. 중요한 것은 2호선 홍대입구역이 공항선과 경의중앙선을 아우르는 환승역으로 변모하며 주변 지역에 미치는 영향력이 더욱 커졌다는 점입니다. 공항선과 연결되면서 인천국제공항 이용객이 홍대 거리를 찾는 발길이 늘었고, 경의중앙선과 이어지면서 파주에서 양평에 이르는 동서 방향의 연결 고리가 생겼거든요.

그런데 2호선 홍대입구역과 공항선 및 경의중앙선 홍대입구역은 이름은 같지만 각기 다른 지하철역처럼 느껴지기도 합니다. 지도상에서 최단 및 최장 거리를 재 보면 최단 거리인 2호선 8번 출구와 공항선 4번 출구 간 거리는 약 200m, 최장 거리인 2호선 1번 출구와 경의중앙선 6번 출구 간 거리는 무려 약 700m에 달하는 것을 확인할 수 있습니다. 이런 경우라면 2호선 홍대입구에서 내려 6번 출구로 나가야 하거나, 환승을 해야 하는 경우라면 이용객 입장에서 부담일 수 있습니다. 그런데도 큰 공간을 묶어 '홍대입구'라는 하나의 역명을 활용한 데는 그만한 이유가 있습니다.

그렇다면 홍대입구는 언제부터, 왜 이렇게 사람들이 모여드는 곳으로 변했을까요? 공간은 스토리를 갖는 순간 힘이 세집니다. 바닷가에 자리한 작은 어촌 마을이라도 특별한 스토리가 부여되거나 복원되면, 핫 플레이스가 되는 일은 순식간이죠. 경상남도의 통영이 그렇고, 전라남도의 벌교가 그렇습니다. 그런 면에서 홍대 거리는 스토리텔링이 남다른 공간입니다. 홍대 거리는 주변 지역에서는 물론, 서울로 범위를 확장해도 그 가치가 빛나는 강력한 스토리를 지녔죠. 대학교 앞 지하철역 일대가 서울의 3대 상권 중 하나로 성장했으니, 이곳이 가진 공간의 힘이 새삼 대단하다는 생각이 듭니다.

홍대 거리의 본격적인 출발은 1990년대 중반 이후로 보아야 합니다. 흔히 '홍대'라고 불리는 홍대 거리의 탄생은 젊고 도전적인 예술가, 보헤미안 기질이 충만한 지식인, 소액 자본으로 영화와 음악을 만들어 낸 실험적인 인디 문화인 등의 노력이 복합적으로 어우러진 결과입니다. 게다가 홍대는 미술대학으로 유명하죠. 홍대의 예술 스펙트럼이 넓게 드리워진 공간에 1990년대 말 이곳에서 움튼 창의적 문화가 합쳐지면서 오늘날 홍대 거리의 정수이자 뿌리를 이루게 됩니다.

신촌의 상권 변화는 홍대 상권에 어떤 영향을 미쳤을까?

한 가지 알아두어야 할 것은 홍대 거리의 변화가 신촌의 상권 변화와 무관하지 않다는 점입니다. 이른바 홍대 상권은 1984년 2호선 홍대입구역이 개통된 때부터 형성되기 시작했지만, 당시만 하더라도 이웃한 신촌 상권에 견주면 초라한 수준이었습니다. 신촌이 어떤 곳인가요? 서강대, 연세대, 이화여대를 위시한 대규모의 대학 상권이 형성된 핫 플레이스였어요. '신촌'이라 불리던 공간에는 젊고 열정적인 예술가가 많았고 그들을 통해 실험적이고 도전적인 분위기가 조성되어 있었습니다. 대학생을 중심으로 한 상권이다 보니 임대료가 높지 않았고, 그래서 실험과 도전 정신으로 무장한 예술가의 인큐베이터 역할을 충실히 할 수 있었죠.

하지만 2000년대 접어들어 신촌 상권에 그 이름값에 걸맞은 대규모 자본이 투입되기 시작하면서 임대료는 빠르게 치솟았습니다. 그러자 자본력은 부족하지만 실험과 도전 정신으로 충만한 이들이 임대료가 상대적으로 저렴한 홍대 거리 쪽으로 자연스럽게 이동해 갔죠. 마치 물이 위에서 아래로 흐르듯, 임대료가 비싼 곳에서 싼 곳으로 이동한 셈입니다. '젠트리피케이션'이 발생한 것입니다. 그런 면에서 홍대 거리의 본격적인 출발은 신촌 상권의 임대료 상승과 무관하지 않습니다.

결국 1990년대 신촌이라는 공간의 임대료 상승 덕에 2000년대 홍대 거리의 문화가 꽃필 수 있었습니다. 그렇다면 2010년대는 어떨까요? 안타깝게도 홍대 거리 역시 신촌의 전철을 밟게 됩니다. 대규모 자본이 밀려들면서 예전의 정취를 잃어버리기 시작한 거죠.

이쯤에서 다시 홍대입구역 출구로 돌아가 봅시다. 홍대는 여전히 사람들이 많이 찾는 핫 플레이스임에 분명하지만, 지하철 2호선 출구에서 나오면 가장 먼저 눈에 띄는 건 즐비한 마천루의 모습입니다. 마치 강남의 테헤란로 일부를 떼어다 놓은 것처럼 빌딩 숲으로 변했다는 건, 결국 이곳에도 대규모의 자본이 유입되었음을 뜻합니다. 그만큼 임대료가 높은 공간이 되었다는 거죠.

홍대 거리를 예술적 실험장, 인디 음악의 성지로 불릴 수 있도록 만들어 준 이들은 또다시 임대료 상승을 견디지 못하고 주변으로 밀려납니다. 젠트리피케이션의 흐름이 만들어진 겁니다. 그래서 젠트리피케이션은 공간적으로 일정한 방향성을 갖는 경우가 많습니다. 지금 이야기하고 있는 신촌 상권에서 홍대 상권으로의 공간 이동 흐름

홍대는 여전히 사람이 많이 찾는 핫 플레이스임에 분명하지만, 대규모 자본이 유입되면서 큰길 주변은 빌딩 숲으로 변했다.

이 대표적인 사례예요. 그런 생각으로 홍대 거리 다음으로 '뜨는 동네'를 찾아보면 여전히 블루오션인 공간이 눈에 들어옵니다. 망원동과 연남동이 그곳입니다.

홍대 상권의 젠트리피케이션, 망리단길을 만들다

망원동은 소위 '뜨는 동네'입니다. 2010년대에 접어들어, 치솟는 홍대 상권의 임대료를 감당하지 못한 이들이 새로이 찾은 동네가 바로 망원동 일대거든요. 망원동은 아파트가 아닌 단독주택과 다세대 주택 위주로 구성되어 있고, 마주한 담벼락 사이로 좁고 길게 늘어선 정겨운 골목길도 많습니다. 그래서 상대적으로 임대료가 저렴한 빈 주택, 창고, 상가, 작은 공장 등이 임대 시장에 나왔고, 이런 장소는 적은 자본으로 개성을 십분 활용하려는 이들의 보금자리가 될 수 있었죠. 홍대 거리와도 가까워 유동인구를 흡수하는 데도 유리한 측면이 있었어요.

망원동 일대의 가게는 대부분 기존 건물을 활용한 리모델링 방식으로 입점했습니다. 실은 이 방식 때문에 매력 있는 공간이 창출될 수 있었어요. 가정집을 리모델링한 음식점은 가정집에 들러 맛있는 음식을 맛보는 듯한 경험을 선사하고, 창고나 작은 공장을 리모델링한 카페는 이색적인 커피 한 잔을 제공할 수 있거든요.

레디메이드(ready-made, 기성품), 성냥갑처럼 비슷비슷하게 생긴 근대건축에 질린 사람들은 조금이라도 색다른 경험을 줄 수 있는 공간을 찾습니다. 그래서 이곳엔 '망리단길'이라는 별명이 붙었습니다. 이태원의 경리단길에서 빌려 온, 뜨는 동네의 전형적인 별명이 망원동에도 붙은 셈이죠. 이처럼 자본의 이동에 따른 임대료의 변화가 공간 수요에 영향을 미치는 젠트리피케이션은, 공간에 미치는 힘이 아주 강합니다.

경의선 숲길로 하나의 공간이 되다

홍대 상권이 연남동에 미친 영향을 알아보려면 그전에 경의선 숲길을 먼저 살펴봐야 합니다. 눈썰미가 좋은 사람이라면, 홍대입구역 공항선과 경의중앙선의 출구가 모두 경의선 숲길에 놓여 있다는 사실을 간파했을 겁니다.

경의선 숲길은 과거 경의선이 다니던 철길이었습니다. 경의선은 일제강점기에 놓인 철도로, 경성(지금의 서울)과 신의주를 잇다가 남북 분단 이후 판문점이 있는 파주에서 서울에 이르는 구간만 남은 상태였죠.

2005년 지상으로 운행하던 경의선이 지하로 들어가면서 경의중앙선이 되었고, 지상에 남은 좁고 긴 철로 구간을 숲길로 재탄생시킨 것이 바로 경의선 숲길입니다. 그 뒤 경의중앙선보다 더 깊은 지하에 인천국제공항과 연결되는 공항선이 건설되어, 지금처럼 서로 포개진 독특한 지하철역의 꼴을 갖추었습니다.

경의선 숲길은 그 일대에 엄청난 변화를 주었습니다. 경의선 숲길 조성은 지리적으로 '공간의 통합'을 뜻합니다. 알다시피 철길은 하천처럼 공간의 분리를 유도합니다. 가령 과거 한양을 에워싸던 성곽은 일제가 전차를 놓으면서 본격적으로 해체되기 시작했어요. 포괄적으로 공간을 점유하는 성곽은 선형성을 지닌 전차의 도입에 무척 거추

경의선 숲길 조성 후 홍대입구역 주변을 아우르는 마포구 동교동과
연남동은 물론, 용산 방향으로의 신수동, 대흥동, 염리동 등까지
언제든지 손쉽게 이동할 수 있는 하나의 공간으로 통합되었다.

장스러운 존재였죠. 이는 과거 경의선을 따라 놓인 철로가 홍대입구 주변 지역의 소통을 심각하게 저해했음을 뜻합니다.

홍대입구역 주변을 아우르는 마포구 동교동과 연남동은 물론, 용산 방향으로의 신수동, 대흥동, 염리동 등 대부분 지역은 과거 경의선으로 둘로 쪼개져 있었습니다. 하지만 경의선 숲길 조성 후 언제든지 손쉽게 이동할 수 있는 하나의 공간으로 통합되었죠. 좁고 길게 연결된 잘 가꿔진 공원은 한두 블록 정도의 거리라면 걸어서 이동하고픈 욕구를 자극합니다.

뜨는 동네 연남동에도 젠트리피케이션이 나타날까?

2012년부터 2016년까지, 장장 5년에 걸쳐 조성된 경의선 숲길은 그 주변 지역의 상권을 단번에 바꿔 놓았습니다. 특히 홍대 상권과 지리적으로 매우 가깝고, 경의선 숲길 조성으로 공간이 재창출된 연트럴파크 주변 상권은 엄청난 성장을 했어요. 경의선 숲길과 맞닿은 거리에 있는 음식점이나 매장들이 고객들로 문전성시를 이루자, 좁은 골목에 있던 주택들도 빠르게 상점으로 바뀌어 가고 있죠. 앞서 임대료 상승과 함께 젠트리피케이션이 진행되면서, 홍대 거리의 많은 상점이 망원동으로 이전했다고 했죠. 망원동과 더불어 요즘 홍대 상권을 집어삼키고 있는 대표적인 곳이 연트럴파크 주변, 바로 연남동입니다.

이제 연남동은 망원동과 마찬가지로 '뜨는 동네'가 됐습니다. 경의선 철로가 숲길로 바뀌며 홍대 거리에서 쉽게 이동할 수 있게 되자, 서울의 대표적인 상권으로 새롭게 급부상하게 됐죠. 나아가 경의중앙선과 공항선의 든든한 교통 인프라가 뒤를 받쳐 주며 유동인구도 크게 늘어, 청년 사업가와 젊은 예술인들이 빠르게 진입할 수 있었습니다.

하지만 연남동 역시 이른바 '뜨는 동네'의 프리미엄을 누리다 보니 자연스럽게 임대료가 올랐습니다. 그 뒤에는 어떤 일이 일어날지 충분히 짐작이 가능합니다. 임대료 상승은 곧 자본의 유입이니, 젠트리피케이션이 나타나게 되겠죠? 예상대로 2016년 이후 연남동 일대 점포의 임대료는 가파르게 상승하는 중입니다. 연남동 일대의 표준지 공시지가가 이를 증명하죠.[4] 아직 연남동에 본격적인 젠트리피케이션 현상은 나타나지 않았지만, 이는 시간문제로 보입니다. 머지않아 연남동은 자본력이 제법 괜찮은 집단의 또 다른 점유지가 될 가능성이 높습니다.

4 표준지 공시지가란 정부가 대표성이 있는 표준지에 대해 매년 산정해 공개적으로 알리는 땅값으로, 매년 1월 1일을 기준으로 한다. 연남동의 표준지 공시지가는 매년 큰 폭으로 상승하고 있는데, 예를 들어 한 표준지의 공시지가는 2015년 230만 원(1m²당)이던 것이 2022년 949만 원으로 4.13배나 상승하기도 했다.

연남동은 망원동과 더불어 홍대 상권을 집어삼키고 있는 대표적인 곳이다. 연남동을 찾는 사람들이 늘어나자, 좁은 골목에 있던 주택들도 빠르게 상점으로 바뀌어 가고 있다.

스타벅스는 젠트리피케이션의 첨병

스타벅스라는 세계 1위의 커피 기업은 막강한 자본력을 갖춘 젠트리피케이션의 첨병으로 평가받습니다. 마음만 먹으면 어디든지 돈에 구애받지 않고 매장을 열 수 있는 힘을 가지고 있다는 뜻이죠. 그래서 스타벅스가 밀집한 지역을 들여다보면 이른바 유동인구가 많은 핫 플레이스인 경우가 많습니다. 철저한 입점 전략을 취하고 있는 만큼, 손해 볼 공간이라면 스타벅스가 입점하지는 않았겠죠?

홍대 거리만 하더라도 10개 내외의 스타벅스가 주변에 포진해 있습니다. 이른바 최근 '뜨는 동네'엔 스타벅스가 뜸을 들이면서 입점 대기하고 있는 경우가 많죠. 그런데 2022년 1월 기준, 연남동에는 스타벅스 매장이 한 개도 없습니다. 망원동 역시 한강공원점과 망원역점, 단 두 곳뿐이죠. 하지만 두 동네는 머지않은 시점에 스타벅스가 입점할 가능성을 배제할 수 없는 동네이기도 합니다.

이쯤에서 한 가지 의미 있는 법률을 살펴볼 필요가 있습니다. 바로 '지역 상권 상생 및 활성화에 관한 법률'(지역상생법)입니다. 2022년 4월부터 시행 중인 '지역상생법'은 지역 상권의 젠트리피케이션을 방지하고, 쇠퇴하는 구도심을 활성화하려는 의도에서 만들어진 법안입니다. 이 법안이 잘 시행되면, 골목 상권이나 전통 시장 등 자본력이 부족한 상권은 임대료 상승에 따라 강제로 내몰리는 압박을 조금이나마 덜 수 있죠.

지역상생법이 시행 중인 동네에 대규모 자본력을 갖춘 스타벅스, 다이소, 올리브영 등 대기업 직영점이 입점하기 위해선 해당 지역 소상공인 2/3의 동의를 받아야 합니다. 따라서 스타벅스의 입점이 사실상 어렵죠. 상황이 이러하기에 아직 스타벅스가 입점하지 않은 동네는, 역설적으로 '뜨는 동네'로 부상할 가능성을 품고 있는 공간이기도 합니다.

나아가 젠트리피케이션이 억제되면 서민의 지갑도 한결 부담을 덜 수 있습니다. 스타벅스 커피 한 잔 값으로, 영세점의 커피 두 잔을 마실 수 있거든요. 동네 상권의 임대료 안정은 영세 상인들의 임대료 부담 완화로 이어져, 결국 물건 가격에 영향을 줄 수 있겠죠? 그런 면에서 스타벅스가 밀집한 상권은 이미 영세 상인이 감당할 수 없을 정도로 높은 임대료를 자랑하는 공간일 가능성이 높습니다.

사람이 모이는 곳에는 카페가 있다

강남R점

강남역 사거리는 교통의 요지로, 유동인구가 무척 많기로 유명합니다. 지하철의 경우, 승하차 인구 기준으로 우리나라에서 단연 1등을 자랑하죠. 날이 저물고 직장인들이 퇴근하기 시작하면 강남역은 사람들로 붐비고, 버스 정류장은 광역 버스를 타기 위해 길게 늘어선 줄로 어지러워집니다. 유동인구가 많은 만큼, 강남역 사거리는 스타벅스가 집중해 있는 대표적인 공간이자, 이른바 '강남'이라 불리는 공간의 핵심 장소라 할 수 있습니다. 이번에는 강남역 사거리에 위치한 스타벅스 강남R점을 찾아가, 스타벅스의 입점과 유동인구의 상관관계를 알아보겠습니다.

대한민국 최고의 상권,
강남 상권

공간에 펼쳐진 분포 양상은 많은 메시지를 담고 있습니다. 어디에 무엇이 얼마만큼, 그리고 어떤 형태로 분포하는가에 대한 해석은 공간의 이해를 풍요롭게 만들죠. 가령 커피 원두의 생산지는 남·북위 25° 내외에 집중적으로 분포하는 양상을 보여서 이곳엔 '커피 벨트'라는 이름이 붙었습니다. 대규모의 침엽수림인 타이가가 집중적으로 분포하는 러시아 냉대기후에는 '타이가 기후'라는 이름이 붙었고요. 이런 사례는 자연환경은 물론 인문환경에서도 도드라지게 나타납니다. 아파트가 밀집하면 ○○ 신도시나, ○○ 뉴타운이 되고, 공장이 밀집하면 공단이 되며, 서비스가 밀집하면 상권이 되는 식이죠. 일정 규모의 인구가 밀집하면 도시가 되고, 흩어지면 촌락이 되는 것도 같은 이치입니다.

이번에 방문할 스타벅스 강남R점이 있는 강남역 사거리는 '강남 상권'으로 유명한 곳입니다. 강남역은 지하철 이용객이 모든 역을 통틀어 '대한민국 1위'인 곳으로 잘 알려져 있어요. 퇴근 시간이 되면 몰려드는 인파에 발 디딜 틈조차 없을 정도죠. 강남역을 이용하는 사람이 이렇게 많은 이유는 강남 상권이 우리나라의 대표적인 업무·상업 중심지이기 때문입니다. 상업·비즈니스·국제 등 모든 분야에서 핵심적인 역할을 하는, 대한민국 최대 상권 중 하나라고 할 수 있죠.

지하철을 타고 강남역에서 내려 스타벅스 강남R점으로 향했습니다. 평일 낮이라 그런지 강남역에서 내리는 승객은 그리 많지 않았습니다. 출퇴근 시간을 피해 낮에 오길 잘했다고 안심하며 스타벅스 앞에 도착한 순간, 제 눈을 의심했습니다. 스타벅스 안과 밖이 커피가 나오기를 기다리는 수많은 직장인으로 북적였죠. 깜짝 놀라 시간을 보니, 바로 직장인들의 점심시간이었습니다. 여기가 바로 강남이라는 사실을 실감하는 순간이었죠. 이 많은 고객만 봐도, 스타벅스가 이 자리에 매장을 낸 이유를 알 것 같다는 생각이 들었습니다.

주민등록상 인구가 많으면,
스타벅스도 많을까?

2022년 7월 기준, 우리나라에는 스타벅스 매장이 약 1,660개가 있습니다. 본고장인 미국의 약 1만 5,500개, 인구 대국 중국의 약 5,600개, 일본의 약 1,700개에는 미치지 못하지만, 이는 세계에서 네 번째로 많은 매장 수라고 해요. 총인구 대비 매장 수로 보면, 놀라운 수치가 아닐 수 없죠. 1,660여 개 매장의 전국 분포 역시 무척 흥미롭습니다. 광역 자치 단체별로 살펴보면 서울은 전국 매장의 약 35%, 경기도는 약 24%, 부산시는 약 8%를 보유하고 있어요. 여기서 알 수 있는 것은 스타벅스 매장 수가 해당 지역에 거주하는 주민등록상 인구수와 단순 비례하지 않는다는 사실입니다.[5] 스타벅스 매장의 분포는 지역별로 균등하지 않다는 뜻이고, 같은 지역 내에서도 공간적으로 차별적일 수 있다는 의미죠.

지리학에는 '주간인구(daytime population)'라는 개념이 있습니다. 주간인구의 값은 다른 지역으로의 인구 이동 값으로 계산합니다. 공식은 간단합니다. 밤에 서울에서 잠을 자야 하는 상주인구(야간인구)의 값에서 낮 시간에 다른 지역에서 통근이나 통학의 목적으로 서울로 들어온 인구를 더하고, 여기서 낮 시간에 서울 이외의 지역으로 나가는 인구를 뺀 값이 주간인구죠. 쉽게 말해 '낮 동안 해당 지역에 머무는 사람의 수'가 바로 주간인구입니다.

그렇다면 낮 동안 특정 지역에 머무는 사람 중 스타벅스 매장과 가장 밀접한 관련이 있는 이는 누굴까요? 아무래도 통근이나 통학을

5 2020년 기준, 서울의 인구는 약 991만 명, 경기도는 약 1,372만 명, 부산은 약 344만 명이다.

우리나라의 대표적인 업무·상업 중심지인 강남역 주변은 유동인구가 많기로 유명하다. 퇴근 시간이 되면 집으로 향하는 직장인들로 항상 붐빈다.

목적으로 서울에 들어온 인구일 테고, 그중에서도 구매력이 있는 통근 인구가 아닐까 싶습니다. 결론부터 말하면, 이런 추론은 서울 스타벅스 매장의 분포와 놀랍도록 일치하는 경향을 보입니다.

유동인구, 주간인구의 단점을 보완하다

전국에서 스타벅스 매장 수가 가장 많은 광역 자치 단체는 서울입니다. 서울은 인구 1,000만 명에 육박하는 거대 도시로 25개의 구가 있어요. 한 구의 인구는 어지간한 지방 도시의 인구와 맞먹을 정도로 인구밀도가 높죠.

주간인구도 마찬가지입니다. 서울시를 위시한 여러 위성도시가 모여 수도권을 이루는데, 수도권의 주요 위성도시에는 서울로 출퇴근하는 인구가 제법 많습니다. 이른바 수도권 신도시가 입지한 성남(분당), 고양(일산), 안양(평촌) 등이 대표적이죠. 수도권 신도시의 인구가 통근·통학을 목적으로 낮 동안 서울에 머물면, 이들은 오롯이 서울의 주간인구가 됩니다.

하지만 주간인구는 한계가 명확합니다. 주간인구는 통근·통학 인구를 기준으로 한 도시 내 유입자 및 유출자 간 차이를 살펴보는 개념이에요. 따라서 어떤 지역에 어느 연령대, 어떤 성(性)을 가진 몇 명의 인구가, 주로 어느 시간대에 이동하는지 같은 세밀한 이동 파악은 어렵죠. 주간인구의 이러한 단점을 보완하기 위해 고안된 개념이 '유동인구'입니다.

유동인구는 말 그대로 '일정한 기간 동안 한 지역을 오고 가는 사람 수'를 뜻합니다. 유동인구 측정은 방법이 다양하고 기준도 명확하지 않아 쉽지 않은 일이지만, 측정의 공통분모는 존재합니다. '특정 지역 내에서 일정 시간 동안 이동한 보행자의 수'를 헤아리는 겁니다. 측정 기간, 측정 시간대, 측정 범위 등을 구체화하여 목적에 맞게 보행자를 파악하면 되는 거죠. 가령 스타벅스와 같은 커피점이라면, 대형 빌딩이 밀집한 도심 지역, 주로 12~14시, 16~18시, 19~21시 등의 구체적인 시간대, 30~40대의 남성 또는 여성 직장인, 가게 앞 도로의 거리 및 반경 등을 정밀하게 구획하여 보행자를 파악한 값이 유동인구입니다.

통근 유입자가 많은 곳이 스타벅스의 자리

현재 유동인구 측정 기기도 기술 집약적으로 변하고 있습니다. 과거에는 보행자 수를 일일이 세는 투박한 방식이었다면, 지금은 스마트폰 통화량을 기반으로 산출하거나, 인체에서 나오는 적외선 파장을 감지하여 오가는 사람의 수를 헤아리는 방식이 주를 이루죠. 서울시의 경우 각 구별 거점 지역을 파악해 보행량을 측정하고, 이를 추정하는 방식으로 유동인구를 파악하기도 합니다. 그런 면에서 한국데이터산업진흥원이 발표한 '서울시 구별 주민등록 인구 대비 유동인구 상·하위 5개 구'(〈표 1〉 참조)는 스타벅스 매장 수와 흥미로운 관계를 보여 줍니다.

2018년 기준, 서울시의 유동인구는 전체 4,805만 명 중 남성은 2,829만 명이고, 여성은 1,976만 명입니다. 이를 주민등록인구 대비 유동인구로 살펴보면, '중구, 종로구, 서초구, 용산구, 강남구' 순으로 많습니다. 이러한 유동인구 통계는 스타벅스 매장의 상위 5개 순위와

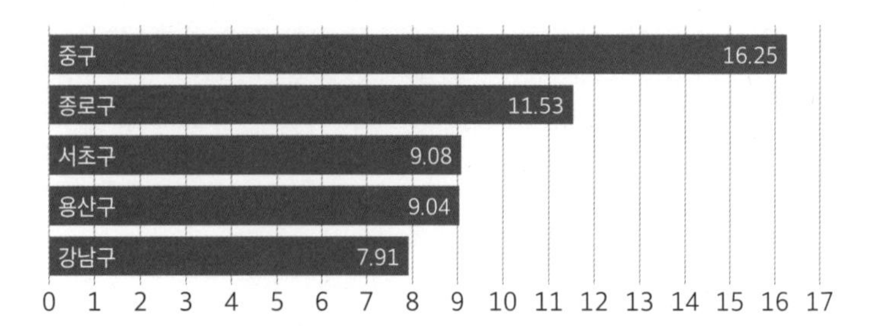

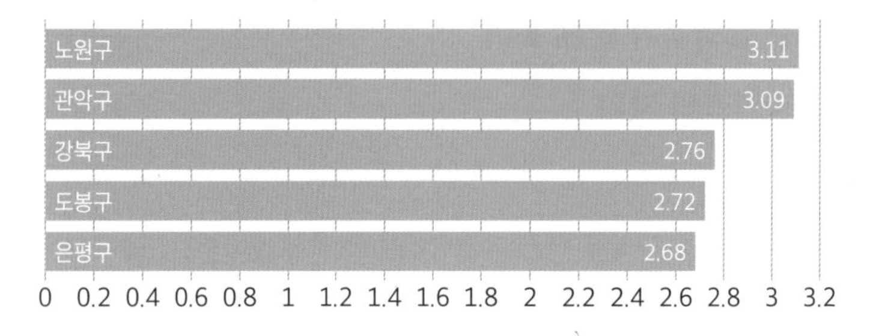

단위: 배
*출처: 한국데이터산업진흥원, 2018

〈표 1〉 서울시 구별 주민등록 인구 대비 유동인구 상·하위 5개 구

높은 상관관계를 보입니다. 〈표 2〉를 보면, 서울시 구별 스타벅스 매장 수 상위 5개는 '강남구, 중구, 서초구, 영등포구, 종로구'로, 앞서 열거한 대부분 구가 속합니다. 그러면 하위 5개 구는 어떨까요? 주민등록인구 대비 유동인구 하위 5개 지역을 가장 적은 순으로 보면, '은평구, 도봉구, 강북구, 관악구, 노원구'입니다. 서울시 내 스타벅스 매장 수 하위 5개 구는 '도봉구, 강북구, 중랑구, 동대문구, 은평구'로, 역시 유동인구와 큰 차이가 없는 셈입니다.

그런데 재미있게도 '서울시 구별 통근 유입자 수'를 기준으로 상

순위	상위 10개 구		하위 10개 구	
	자치구	매장 수	자치구	매장 수
1	강남구	89	도봉구	4
2	중구	53	강북구	6
3	서초구	48	중랑구	7
4	영등포구	41	동대문구	9
5	종로구	39	은평구	10
6	마포구	35	동작구	11
7	송파구	34	관악구 구로구	12
8	강서구	27		
9	용산구	24	금천구 노원구 성동구	13
10	서대문구	21		

〈표 2〉 서울시 구별 스타벅스 매장 수 (2022년 7월 기준)

위 5개 구를 뽑아 보면, 스타벅스 매장 수 상위 5개 구와 완벽히 일치하는 것을 볼 수 있습니다(〈표 3〉 참조). 그렇다면 서울시 구별 통근 유입자 수 하위 5개 구도 스타벅스 매장 수와 관련이 있을까요? 역시나 높은 상관도를 보입니다. 구별 통근 유입자 수를 기준으로 가장 적은 구부터 열거하면, '도봉구, 강북구, 은평구, 중랑구, 관악구' 순입니다. 이어 구별 스타벅스 매장이 가장 적은 구부터 열거하면 '도봉구, 강북구, 중랑구, 동대문구, 은평구'로, 관악구 대신 동대문구가 들어갈 뿐 그 순서는 거의 비슷하죠.

이러한 데이터로 확인할 수 있는 것은 스타벅스는 하루 중 낮에 서울을 오가는 출퇴근 인구에 민감한 공간에 주로 매장을 낸다는 사

상위 10개 구				하위 10개 구			
순위	자치구	통근 유입자 수	스타벅스 매장 수	순위	자치구	통근 유입자 수	스타벅스 매장 수
1	강남구	561,357	89	1	도봉구	30,287	4
2	중구	273,093	53	2	강북구	32,774	6
3	서초구	257,915	48	3	은평구	36,556	10
4	영등포구	249,206	41	4	중랑구	38,814	7
5	종로구	215,753	39	5	관악구	48,169	12

*통근 유입자 수는 2020년, 스타벅스 매장 수는 2022년 7월 기준임
*출처: 통계청, 스타벅스 코리아 홈페이지

〈표 3〉 서울시 구별 통근 유입자 수 및 스타벅스 매장 수

실입니다. 스타벅스의 최적 입지 선정 프로그램인 아틀라스의 핵심 알고리즘에 '유동인구' 데이터가 중추적인 역할을 한다는 사실을 미루어 짐작할 수 있는 대목이죠. 유동인구가 많은 곳이 곧 스타벅스의 자리라는 겁니다.

강남구 vs. 중구,
스타벅스 공간 분포는 어떻게 다를까?

이제 범위를 좁혀 스타벅스 매장의 분포 양상을 살펴보도록 하죠. 서울에서 가장 많은 스타벅스 매장을 보유한 강남구와 중구의 매장 분포는 어떤 양상을 보일까요?

매장이 가장 많은 구는 강남구입니다. 강남구의 스타벅스 매장은 가로세로로 교차하는 사거리마다 질서정연하게 분포하죠. 한강 변의 압구정, 청담동을 시작으로 대치동과 개포동까지 이어지는 교차 지점에는 거의 모든 사거리마다 스타벅스가 입점해 있어요. 놀라운 것은 바둑판처럼 엮인 교차로에는 대부분 지하철역이 놓여 있다는 사실입니다. 2호선, 3호선, 7호선, 9호선, 신분당선, 수인분당선에 이르는 6개의 노선은 마치 씨줄과 날줄처럼 스타벅스 매장과 엮여 있죠. 그중에서도 가장 도드라지는 구역은 강남대로와 테헤란로입니다.

강남대로는 한남대교에서 양재역에 이르는 왕복 10차선의 간선도로입니다. 강남구와 서초구의 행정 경계 역할을 겸하는 강남대로는 유동인구가 많고, 주요 직행·광역 버스와 지하철 노선의 결절지(구분된 두 개 이상의 지점을 연결하여 주는 지역)이기도 하죠. 특히 스타벅스 강남R점이 있는 강남역 사거리는 하루 유동인구가 약 15만 명에 이르는 대형 상권이에요. 강남대로는 강남역 사거리를 중심으로 남북으로 뻗어 있고, 강남역 사거리에서는 좌로 서초대로, 우로 테헤란로가 분기하죠.

테헤란로는 지하철 2호선 강남역에서 삼성동 삼성교에 이르는 왕복 10차선의 대로예요. 강남대로 주변이 대형 상권의 밀집 지역이라면, 테헤란로는 대형 금융 기업의 밀집 지역이죠. 이들 도로를 따라서는 교차로 입지 패턴이 무시됩니다. 대로를 따라 도열한 마천루처럼, 스타벅스 역시 대로를 따라 도열해 손님을 기다리죠.

강남역 사거리를 중심으로 강남대로는 남북으로 뻗어 있고,
스타벅스 강남R점은 오른쪽 아래 건물에 입점해 있다.
왼쪽으로는 서초대로, 오른쪽으로는 테헤란로가 분기한다.

다음은 두 번째로 매장이 많은 중구를 살펴보겠습니다. 중구의 스타벅스 매장은 강남구와는 완전히 다른 입지 패턴을 보입니다. 강남구가 바둑판 모양의 정형화된 패턴이라면, 중구는 비정형의 패턴이에요. 오랜 역사성이 시가지화 과정에서 켜켜이 반영되어 있는 터라, 시원하게 쭉 뻗은 대로도 마땅치 않고, 필지의 모양은 천차만별이죠. 그래서 중구의 스타벅스 매장은 뚜렷한 선형의 입지 패턴이 나타나지 않습니다.

하지만 서울시청 광장을 중심으로 1.1km 정도의 동심원을 그려보면, 그 안의 건물 대부분이 고층 빌딩이라는 사실을 알 수 있어요. 이 반경을 행정구역으로 세분하면, 중구와 종로구의 스타벅스 밀집 지역에 해당하죠. 두 구의 스타벅스 매장 수를 더하면 90여 개에 이릅니다. 그러고 보면, 중구와 종로구, 강남구 세 곳의 스타벅스 매장 수는 180여 개나 되는군요. 놀랍게도 전국 매장의 약 11%가 면적으로 따지면 대한민국의 약 0.007%밖에 안 되는 이 세 자치구에 몰려 있음을 알 수 있습니다.

한 지붕 두 스타벅스가 어색하지 않은 이유

스타벅스의 공간 분포를 살피다 보면, 재미있는 입점 매장도 관찰할 수 있어요. 한 건물에 두 개의 스타벅스 매장이 입점한 경우나, 길 건너 스타벅스가 입점한 경우가 그렇죠. 서로 다른 매장인데, 매장 간 거리가 너무 가깝다는 겁니다. 동네에서 흔히 만나는 편의점이라도 길 건너는 다른 브랜드의 매장이 있는 게 일반적인데, 스타벅스 매장은 다릅니다. 어떻게 이런 입점이 가능한 걸까요?

스타벅스 코리아는 스타벅스 전 매장을 직영으로 운영 중입니다. 직영점은 소비자에게 호감을 줍니다. 가령 이동 통신사 매장 간판에서 자주 만나는 직영점이라는 홍보 문구는 소비자가 안심하고 품질 좋은 서비스를 만날 수 있다는 기대감을 주죠. 스타벅스 코리아의 입장도 이와 다르지 않습니다. 1,700여 개의 매장을 모두 직영으로 운영하여, 높은 품질과 서비스로 고객을 맞이하겠다는 거죠. 고객 중심의 스타벅스 경영 철학을 엿볼 수 있는 사례임은 분명합니다. 하지만 직영점 일변도 경영에는 한 가지 마케팅 전략이 숨어 있습니다. 바로 클러스터(cluster) 전략입니다.

클러스터는 공간을 점이나 선이 아닌 면으로 인식한 개념입니다. 지도에 매장을 찍으면 점으로 인식되겠지만, 이 점의 간격을 좁히고 밀도를 높이면 면처럼 넓게 펼쳐진 가상의 공간을 만날 수 있죠. 이 가상의 지역에는 무수히 많은 매장이 집중적으로 들어갑니다. 앞서 살펴봤던 서울시청 광장 중심의 반경이 바로 클러스터 전략에 해당하는 전형적인 사례예요. 하나 들어갈 곳에 두 개 들어가고, 두 개 들어갈 곳에 세 개를 출점하는 전략은 스타벅스 매장의 공간적 불균등을 극명하게 보여 주는 출점 전략이죠. 하나의 클러스터에 대규모의 매장 석권이 이루어지면, 주변 지역은 자연스럽게 포섭되는 원리입니다.

스타벅스가 클러스터 전략을 구사할 수 있는 이유는 모든 매장이 직영점이기 때문입니다. 프랜차이즈 업체는 '가맹사업거래의 공정화에 관한 법률'에 민감합니다. 이 법률은 가맹 사업의 공정한 거래 질서 향상을 위해 마련된 것으로, 부당한 영업 지역 침해 금지 조항이 있죠. 하지만 직영점의 경우는 근거리 입점이 가능해요. 스타벅스가 유동인구가 많은 핵심 상권에 집중적으로 매장을 낼 수 있었던 데는 이런 비밀이 숨어 있었죠.

이처럼 스타벅스는 이른바 핫 플레이스만을 골라 집중적으로 매장을 내는 입점 전략을 선택하고 있어요. 유동인구가 많은 대도시의 중심가에서 한 길 건너 하나씩 스타벅스를 만날 수 있는 이유가 여기에 있죠. 이 때문에 심지어 한 건물에서 두 개의 스타벅스를 만나는 일도 어느새 익숙한 일상으로 자리매김할 수 있었습니다.

스타벅스와
함께하는
세계지리
#시애틀

스타벅스 1호점은 어디에 있을까?

오늘날 스타벅스는 세계 커피 시장을 좌지우지하는 공룡 기업입니다. 하지만 그 시작은 무척 평범했습니다. 1971년 고든 보커(Gordon Bowker), 제럴드 제리 볼드윈(Gerald Jerry Baldwin), 제브 시글(Zev Siegl)이 작고 허름한 매장을 빌려 커피 원두 판매점을 연 것이 그 시초였죠. 당시 이들은 허먼 멜빌(Herman Melville)의 소설 『모비딕』에 등장하는 일등 항해사 '스타벅'의 이름을 따서 브랜드를 '스타벅스'라 하고, 세이렌(Seiren, 그리스신화에 나오는 바다의 요정)의 모습을 바탕으로 간판을 만들었다고 합니다. 그러고 보니 세계 굴지의 기업 가운데에는 스타벅스처럼 시작이 단출한 경우가 종종 있었습니다. 애플(Apple)은 작은 창고에서, 아마존(Amazon)은 작은 사무실에서, 이케아(IKEA)는 작은 부엌에서 시작되었으니, '시작은 미약하였으나 그 끝은 심히 창대하였다'고 말할 수 있겠네요.

현재 스타벅스 1호점은 미국 시애틀의 재래시장인 '파이크 플레이스 마켓(Pike Place Market)'에 있습니다. 그런데 사실 1호점의 위치가 처음부터 이곳이었던 건 아니에요. 1971년 처음 문을 열 당시에는 몇 발자국 떨어진 다른 건물에 있었는데, 1977년 지금의 장소로 이전해 왔죠. 현재 스타벅스 1호점은 시애틀을 방문한 여행객이라면 한 번쯤 들를 정도로 인기가 많은 핫 플레이스입니다. 그렇다면 스타벅스가 시애틀에서 처음 문을 연 이유는 무엇일까요?

우선 지도를 펼쳐 시애틀의 자리를 잡아 봅시다. 미국은 지리적으로 크게 서부, 중부, 동부로 나뉩니다. 서부는 로키산맥이 남북으로 가로지르는 높고 험준한 땅이고, 중부는 미시시피강 물줄기

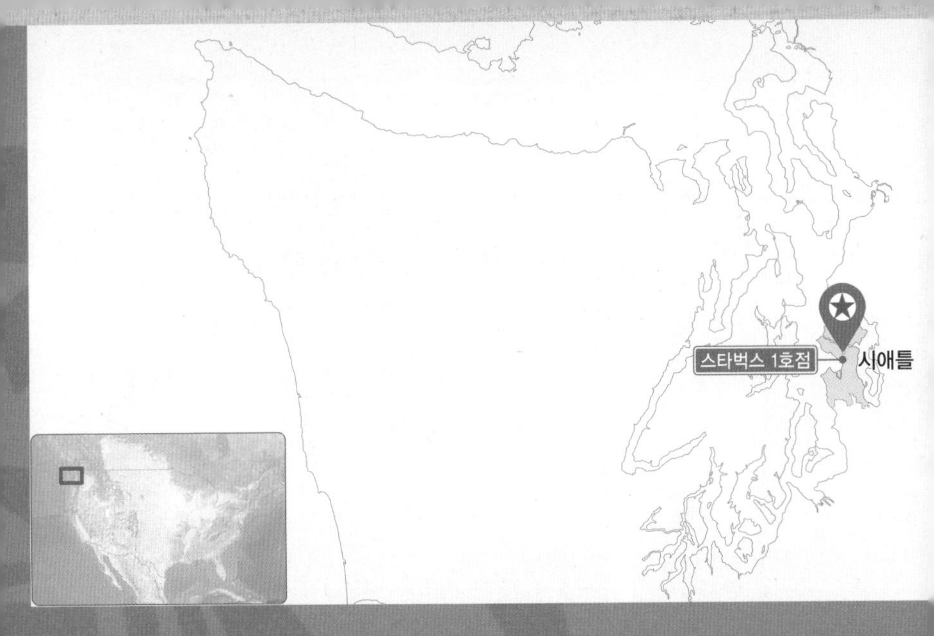

미국은 지리적으로 크게 서부, 중부, 동부로 나뉜다. 서부 워싱톤주에 속한 시애틀은 지중해성 기후로, 여름에는 건조하고 겨울에는 습하다.

를 따라 펼쳐진 넓은 평원이죠. 동부는 해안을 따라 길게 뻗은 애팔래치아산맥을 중심으로 대서양 연안에 큰 도시가 즐비한 공간입니다. 시애틀은 세 지역 중 서부 워싱턴주에 속합니다. 그러면 시애틀 주변의 자연환경을 살펴볼까요? 산지 곁에 있는지, 넓은 평원 가운데인지, 바다 곁에 있는지를 따져 보는 일은, 공간을 이해하는 핵심 단서를 주기 때문입니다.

시애틀은 어떤 곳?

시애틀은 엘리엇만(灣)과 맞닿아 있는 도시로, 좁고 길며 복잡한 해안선을 가졌습니다. 여기서 중요한 것은 '좁고 길며 복잡한 해안선'입니다. 지리학에서는 이런 모양의 해안 지형을 '피오르

시애틀의 스타벅스 1호점. 시애틀을 방문한 여행객이라면
꼭 들르는 핫 플레이스로 유명하다.

(fjord)' 해안이라 불러요. 피오르는 노르웨이어로 '좁고 깊은 만'을 뜻하는데, 어원이 유래한 노르웨이는 굉장히 복잡하면서 좁고 긴 해안선으로 유명하죠.

피오르의 발달에는 빙하가 깊게 관여합니다. 빙하는 힘이 아주 강한 침식 도구로, 밑동이 녹아 서서히 중력 방향으로 미끄러지기 시작하면 아무도 막을 수 없는 난폭자가 됩니다. 이동 중 진로를 방해하는 것은 강력한 힘으로 깎아 내 버리죠. 마치 능숙한 목수가 나무의 결을 읽고 대패질을 하듯 빙하는 땅의 결을 따라 이동합니다.

지금보다 기온이 매우 낮았던 빙기에 만들어진 대륙 빙하는 이처럼 좁고 깊은 골짜기를 만들며 이동하다 자취를 감췄어요. 그리고 그 자리에는 바닷물이 밀려들었습니다. 후빙기에 접어들어 지구 평균기온이 오르며 극지방과 대륙의 빙하가 서서히 녹아 해수면이 상승했기 때문이에요. 바닷물이 제법 깊숙하게 만을 향해 진입해 산지 사이의 계곡을 메우면, '좁고 길며 해안선이 복잡한' 피오르가 완성됩니다. 이렇게 보니 태평양에서 한 발짝 안으로 들어와 있는 해안 도시 시애틀은 빙하가 지난 자리에 물이 차올라 만들어진 공간이라는 의미 부여가 가능하겠네요.

스타벅스의 고향 시애틀은 북위 47° 부근에 위치해 있지만, 여름철 부분적으로 아열대고압대의 영향을 받는다. 아열대 지역에서 강한 고기압이 형성되는 이유는 대기 대순환이라는 지구적 대기 순환 작용 때문이다.

아열대고압대의 영향을 받는 시애틀

시애틀은 강수 패턴도 흥미롭습니다. 한반도는 여름이 습하고, 겨울은 건조합니다. 하지만 시애틀은 정반대로 여름이 건조하고 겨울이 습하죠. 세계적으로도 이런 독특한 강수 패턴을 보이는 곳이 많지 않은데, 주로 아열대고압대의 영향을 받는 지역에서 볼 수 있습니다.

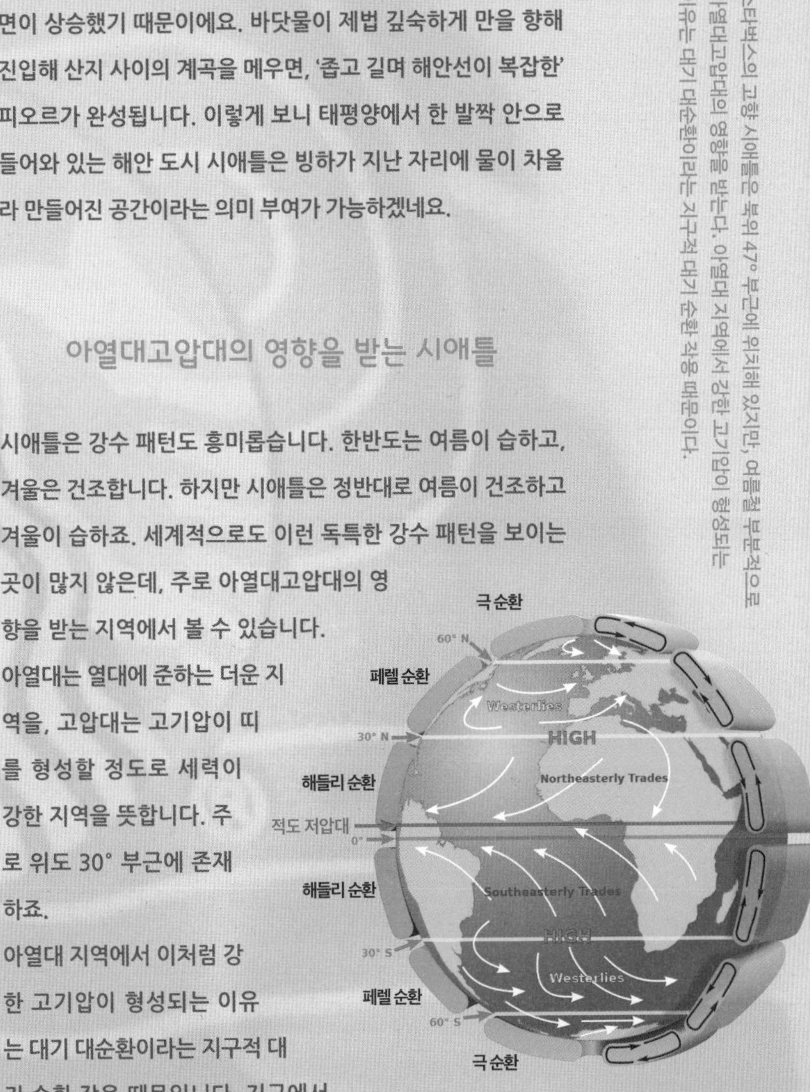

아열대는 열대에 준하는 더운 지역을, 고압대는 고기압이 띠를 형성할 정도로 세력이 강한 지역을 뜻합니다. 주로 위도 30° 부근에 존재하죠.

아열대 지역에서 이처럼 강한 고기압이 형성되는 이유는 대기 대순환이라는 지구적 대기 순환 작용 때문입니다. 지구에서 가장 더운 곳은 적도입니다. 적도는 뜨거운 태양 복사 에너지를 받아 수증기의 증발이 활발하죠. 일 년 내내 수증기가 하늘로 공급되는 구조이기에 적도의 대기는 공기의 밀도가 높습니다. 공기는 밀도가 높은 곳에서 낮은 곳으로 자연스럽게 흘러갑니다. 즉 적도의 공기가 주변으로 흐르며 밀도가 낮은 고위도로 이동하는 거죠. 위도가 높아질수록 기온은 낮아지기에, 이동 중인 바람은 서서히 냉각됩니다. 냉각된 바람은 무거워지면서 비행 고도를 낮추는데, 그 범위가 일정해 남·북위 30° 즈음 지표 가까이에 도달합니다. 그러니 아열대고압대에선 연중 하강 기류가 탁월하게 나타날 수밖에 없죠.

연중 하강 기류의 영향을 받는 곳은 비가 잘 내리지 않습니다. 비가 내리려면 수증기가 하늘로 올라가야 되는데, 하강 기류가 지배하는 아열대고압대는 수증기가 하늘로 오를 수 없는 근본적인 한계를 지니죠. 이런 상황이기에 아열대고압대 지역에서는 여름임에도 비가 내리지 않는 강수 패턴이 나타납니다.

스타벅스의 고향 시애틀은 북위 47° 부근에 위치해 있지만, 여름철 부분적으로 아열대고압대의 영향을 받습니다. 이러한 기후 특징이 세계적으로 가장 탁월하게 나타나는 곳이 유럽의 지중해 일대라서, 이를 지중해성 기후라고 부릅니다. 그러면 시애틀이 지중해성 기후 지역이라는 것은 커피 산업과 어떤 관련이 있을까요? 그것은 아열대고압대가 물러간 이후부터 시작되는 습한 시애틀의 기후와 관련이 깊습니다. 열쇠는 '시애틀의 겨울'입니다.

온화하고 습한 시애틀의 겨울

지중해성 기후인 시애틀의 겨울은 습하고 온화합니다. 여름을 뜨겁게 달궜던 아열대고압대가 물러가면, 그 틈을 노리던 해양기단이 슬그머니 고개를 들이밀죠. 강력한 지배자가 떠난 빈 공간을

차지하는 세력은 태평양에서 불어오는 편서풍입니다. 편서풍은 많은 수증기를 싣고 육지로 들어옵니다.
그런데 시애틀의 배후에는 로키산맥이 자리해요. 신기습곡산지인 로키산맥은 높고 험준하고요. 그래서 수증기를 싣고 들어오는 비구름은 로키산맥을 만나, 품고 있던 수증기를 대부분 내려놓고 맙니다. 시애틀이 겨울철 강수량이 많고 안개가 잦은 까닭은, 바로 이러한 공간적 상호작용 때문이라고 할 수 있어요.
이렇게 보면, 시애틀에서 태동한 스타벅스 커피의 시작은 지리적 조건의 산물입니다. 시애틀의 겨울은 서늘하고 비와 안개가 잦습니다. 축축하고 음산한 분위기를 해소할 수 있는 것은 따뜻한 차[茶]를 마시면서 나누는 대화죠. 차의 기원지는 중국이지만, 세계적으로 널리 전파한 것은 패권국인 영국이었어요. 영국으로 들어간 차는 사교와 대화의 훌륭한 도구였습니다. 점심과 저녁 사이, 따끈한 차에 달콤한 디저트를 곁들이는 '애프터눈 티(afternoon tea)' 문화는 영국 차 문화의 상징과도 같습니다.
영국의 기후는 시애틀의 겨울 기후와 상당히 닮았습니다. 영국은 대서양에서 불어오는 편서풍의 영향을 받아 일 년 내내 서늘하고 비가 잦습니다. 앞서 살펴봤듯 시애틀은 아열대고압대가 물러가면 습윤한 편서풍이 그 공백을 메워, 늦가을부터 늦봄까지 서늘하고 비가 잦습니다. 그래서 겨울이 되면 시애틀 사람들은 자연스럽게 차를 찾게 되죠.
차 수요가 있는 곳이라면, 커피 수요 역시 만들어질 수 있습니다. 오늘날 시애틀은 미국 내에서 카페인 소비가 많은 도시로 유명합니다. 그 일등공신이 바로 커피입니다. 1977년 스타벅스 1호점

시애틀에서 태동한 스타벅스 커피의 시작은 지리적 조건의 산물이다. 비와 안개가 잦은 영국에서 사람들이 차를 즐겼듯이, 영국의 기후와 상당히 닮은 시애틀 사람들도 커피를 즐겨 마신다.

이 문을 연 시점에도, 시애틀은 이미 커피점이 성황을 이루고 있었습니다. 만약 시애틀이 덥고 건조한 기후였다면, 스타벅스의 탄생 역시 장담할 수 없었을 겁니다. 역사에 가정은 없다지만, 지리적 관점에선 지극히 합리적인 추론인 셈입니다.

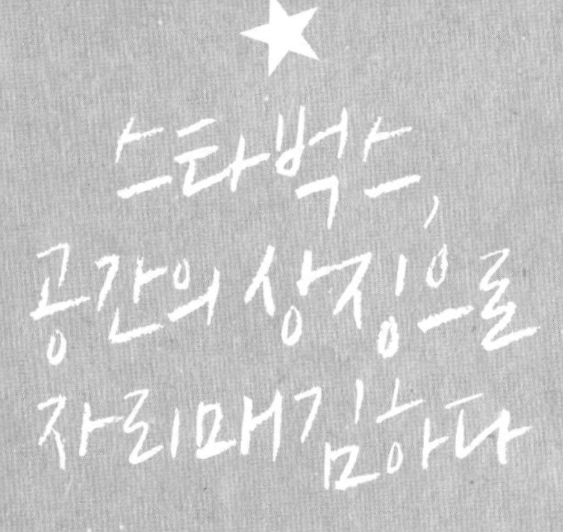

2장

새롭게 탄생한 공간

'큰 언덕 마을' 대치동은 어떻게 만들어졌을까?

대치은마사거리점

'대치동'이라는 말을 들으면 어떤 단어가 떠오르나요? 명문고, 학원, 고급 아파트, 돼지엄마, 드라마 〈스카이 캐슬〉…. 이들을 관통하는 핵심은 역시나 사교육입니다. 대치동은 행정명을 뜻하는 고유명사이지만, '사교육 1번지'라는 의미의 일반명사로 더 널리 쓰이고 있죠. 하지만 50년 전만 해도 이곳은 논과 밭이 군데군데 펼쳐져 있고, 장마철이 되면 양재천이 범람해 상습적으로 침수되는, 그다지 쓸모없는 땅이었습니다. 이런 상습 침수 지역이 어떻게 사교육의 메카로 화려하게 변모할 수 있었을까요? 그리고 스타벅스 대치은마사거리점은 그 과정에서 어떤 역할을 했을까요?

대한민국 사교육 1번지,
대치동

서울 강남구에 위치한 대치동은 대한민국 사교육 1번지입니다. 대치동은 명문고가 곳곳에 포진해 있고 학원 시스템도 잘 갖춰져 있어, 전국의 우수한 학생들이 몰려오는 곳이죠. 자녀를 둔 학부모라면 누구나 한 번쯤 거주를 꿈꿀 정도로 대치동의 인기는 높습니다. 대치동은 전국적으로 인지도가 탁월한 '브랜드 동네'가 된 지 오래죠.

저는 대치동에 있는 학교에서 학생들을 가르치고 있습니다. 그 덕에 최신 교육 트렌드를 누구보다 빠르게 듣고, 직접 보기도 합니다. 대치동 거리를 거닐다 보면 어느 학원이 갑자기 흥했다가 없어지고, 또 다른 학원이 생기는 모습을 수없이 목격할 수 있어요. 화무십일홍(花無十日紅), '열흘 붉은 꽃은 없다'는 옛말은 학원가에도 예외 없이 적용되고 있습니다.

하지만 변하지 않은 것도 있습니다. 조금이라도 수준 높은 교육을 받기 위해 대치동을 찾는 수많은 학생과 그들의 학부모가 그렇습니다. 아이들이 학원에서 수업을 받는 동안, 학부모들은 카페 등을 전전하며 긴 시간을 보내곤 합니다. 그곳에서 삼삼오오 모여 학원 정보를 공유하고, 자녀에 대한 고민을 나누기도 하죠. 스타벅스 대치은마사거리점은 대치동 학원가에서 학부모들이 가장 많이 찾는 카페 중 하나입니다. 제가 방문한 그날도 아이들을 기다리는 학부모들로 발 디딜 틈이 없었습니다.

그러면 대치동 학원가는 정확히 어디를 가리키는 걸까요? 흔히 말하는 대치동 학원가는 3호선 대치역과 수인분당선 한티역 주변, 은마아파트 입구 사거리 주변을 말합니다. 근처에 있는 높고 낮은 건물에 수많은 학원이 빼곡히 들어차 있죠. 최근에는 임대료가 상승하는 바람에 학원가도 주변으로 퍼지는 경향을 보입니다. 그런데 대치동은 하필이면 언덕으로 이루어져 있어서, 학원이 널리 퍼져 있을수록 학생들은 힘들기만 합니다. 학원 시간에 늦지 않기 위해 학생들이 숨이 턱에 차도록 언덕을 뛰어오르는 모습을 대치동에서는 쉽게 볼 수 있죠.

대치동(大峙洞)이라는 이름은 그곳에 있던 '한티마을'을 한자어로 고친 것입니다. 대치, 우리말로 한티는 '큰 언덕'을 뜻합니다. 그러니까 이곳에 큰 고개가 있었다는 거죠. 수인분당선 한티역의 이름이 바로 여기서 유래했어요. 대전(大田)을 '한밭'이라 부르는 것과 같은 이

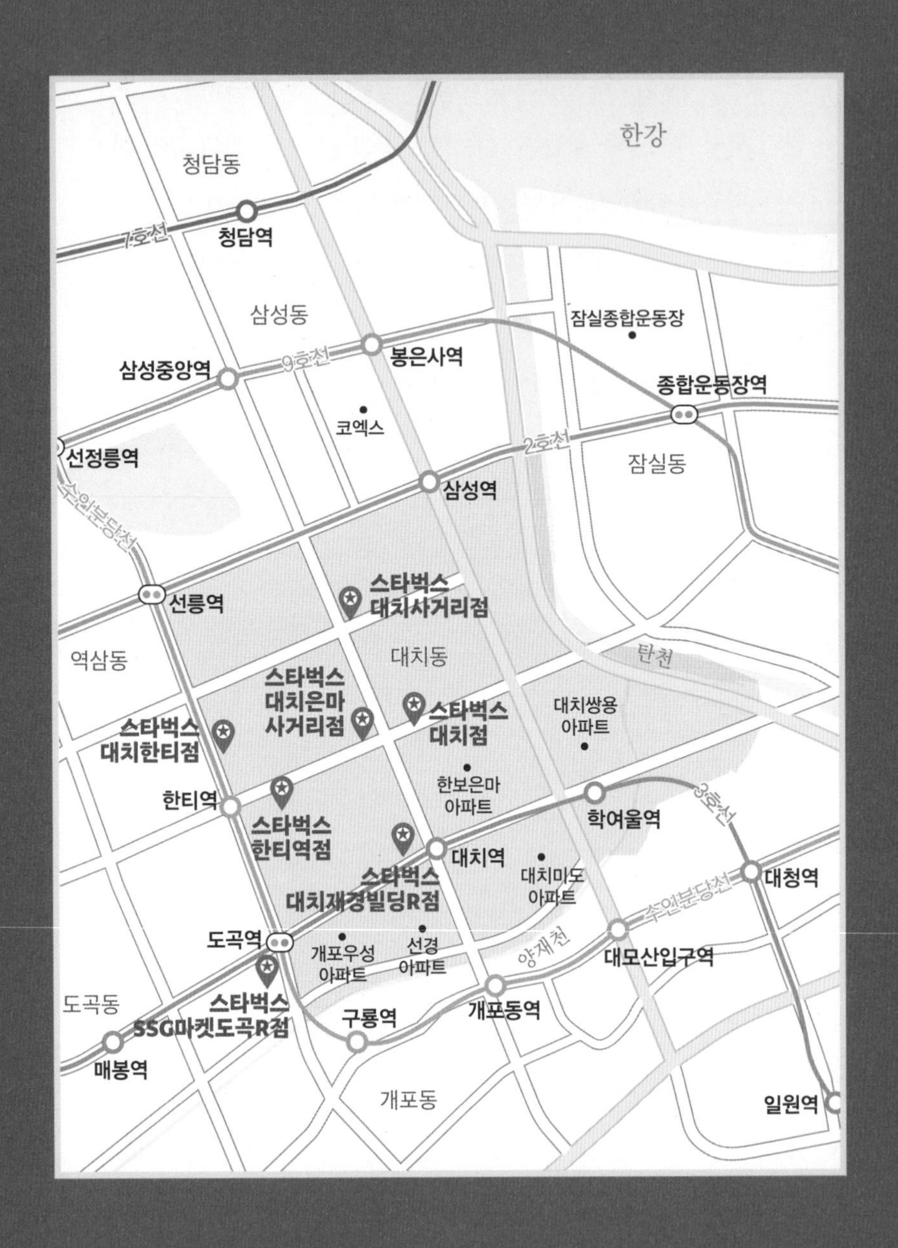

대한민국 사교육 1번지 대치동 지도. 구릉과 저습지는 대치동을 구성하는 흥미로운 지형 요소다. 양재천과 탄천이 만나는 학여울 일대 저습지에는 대단지 아파트가 들어서 있다.

치입니다. 큰 언덕이 있는 대치동의 지리적 조건은 오늘날 대치동의 형성에 어떤 영향을 주었을까요?

대치동의 공간적 뿌리는 무엇일까?

시간을 거슬러 올라 대치동의 기반암 이야기부터 시작해 보죠. 이 땅의 바탕이 되는 기반암이 뭔지를 알아야 대치동에 왜 이렇게 언덕이 많은지를 이해할 수 있거든요. 대치동의 주된 기반암은 선캄브리아기 편마암입니다. 선캄브리아기는 지구가 탄생한 약 46억 년 전부터 5억 5,000만 년까지의 기간이므로, 대치동의 기반암은 아주 오래전에 생성되었음을 알 수 있죠. 오래된 기반암이 여전히 큰 언덕인 것은 무척 흥미로운 일입니다. 시간이 오래면 한껏 몸을 낮추는 게 이치이건만, 편마암은 오히려 위용을 뽐내는 격이니까요.

지각을 구성하는 암석은 크게 변성암, 화성암, 퇴적암입니다. 한반도는 앞선 암석들이 골고루 분포하는데, 그중에서도 변성암은 한반도 전체 면적의 약 40%를 차지할 정도로 그 비중이 높죠. 변성암의 비중이 높은 이유는 한반도가 오래된 땅이기 때문입니다. 변성암은 본디 다양한 암석이 변화해 만들어져요. 화성암이든 퇴적암이든 오랜 지질 시간을 거치면서 변화되면 변성암이 되는 거죠. 변성 과정이 여

대치동의 기반암인 편마암은 변성암의 일종이다. 본래의 암석이 고온 고압으로 변성 작용을 받아 굵은 줄무늬(엽리)가 발달하면 편마암이 된다.

러 번일 수도 있어 변성암의 모암을 추적하는 일은 쉽지 않습니다.

대치동의 기반암인 편마암은 변성암의 일종입니다. 변성암은 모암에 따라 종류가 여럿인데, 한반도에서는 편마암이 주를 이루죠. 본래의 암석이 고온 고압으로 변성 작용을 받아 굵은 줄무늬(엽리)가 발달하면 편마암이 됩니다. 편마암의 엽리는 주로 물결 모양의 패턴으로 암석에 새겨져요. 그래서 보는 즐거움이 있죠. 아파트 단지를 걷다 보면 줄무늬 패턴의 암석이 경계 지역에 쌓아 올려져 있는 광경을 종종 목격할 수 있는데, 이는 십중팔구 편마암일 확률이 높아요. 편마암이 조경에 널리 쓰이는 이유는 모양도 예쁘지만 무엇보다 주변에서 구하기 쉽기 때문입니다.

편마암은 대치동의 굴곡진 언덕과 밀접한 관련이 있습니다. 모든 암석은 지표에 노출되는 순간부터 풍화작용을 받습니다. 풍화는 암석이 작은 입자로 쪼개지는 일련의 과정이죠. 그런데 편마암은 초기 풍화 과정에서 점토와 같은 미립 물질의 생성이 많고, 수평으로 발달한 엽리의 영향으로 깊이 풍화되지 않는다는 특성이 있습니다. 수평 보강재가 많은 건축이 하중을 잘 견디는 것과 같은 이치라 할 수 있죠. 깊이 풍화되지 않으면 세월의 풍파를 오래 견디며 그 모습을 유지할 수 있겠죠? 대치동 일대가 바로 그렇습니다.

대치동을 넘어 강남구를 두루 살펴봐도 사정은 비슷합니다. 우면산과 구룡산, 대모산을 시작으로 한강까지, 파노라마처럼 펼쳐진 구릉 지역은 모두 선캄브리아기 편마암이 주를 이루죠. 그래서 이른바 '강남'이라 불리는 지역의 구릉은 그 일대를 규정하는 대표적인 지형 경관이 되었습니다. 몇몇 구릉은 강남 개발과 맞물려 해체되어 낮은 자리를 메우는 역할을 했고, 완전히 깎여 평지가 된 곳도 있죠. 구릉과 구릉 사이의 낮은 골짜기에는 실개천이 흘렀는데, 대부분 복개되어 간선도로와 지하철 노선으로 탈바꿈했습니다. 해체가 힘들 정도로 규모가 큰 언덕은 자연 상태로 남겨 공원으로 활용하고 있습니다. 선정릉과 봉은사 일대, 서리풀공원, 청담근린공원 등이 그 사례입니다.

구릉 외에 저습지도 대치동을 구성하는 흥미로운 지형 요소입니다. 양재천이 탄천으로 합류하는 지점에는 제법 너른 저습지가 마련되어 있죠. 원리는 간단합니다. 상류로부터 풍화된 물질을 운반하던 하천은 더 큰 하천을 만나 유속이 느려지면 물질을 내려놓습니다. 넓은 차선의 고속도로에 진입하려는 차량이 합류 지점에서 속도를 늦출 수밖에 없는 이유와 같죠.

한 가지 잊지 않아야 할 것은 이곳 땅의 밑바탕입니다. 2011년, 2022년 여름철 집중호우 때 3호선 대치역에서 학여울역에 이르는 구간이 큰 침수 피해를 입었습니다. 피해가 발생한 데는 여러 가지 이유가 있겠지만, 근본적인 원인은 각각 경기도 과천시와 용인시에서 발원한 양재천과 탄천이 유일하게 만나는 곳이 바로 학여울 일대 저습지이기 때문이에요. 옛날 홍수 시 두 물이 너른 범람원을 만들던 자리가 지금의 대치역과 한티역 일대의 저습지인 거죠. 양재천과 탄천이 이미 포화 상태라면, 물은 자연스럽게 가장 낮은 다음 자리를 찾는 것이 이치입니다.

대치동의 너른 저습지에는 은마, 우성, 선경, 미도아파트 등 대단지 아파트가 들어섰습니다. 저습지에 제방을 둘러 너른 거주 공간으로 만든 것은 나날이 늘어가는 서울의 인구를 수용하기 위한 의미 있는 시도였죠. 여기는 지하철 3호선이 지나가는데, 지하철역 이름이 학여울입니다. 학여울은 탄천과 양재천이 만나는 한강 갈대밭 지역의 옛 지명으로, 한자로는 학탄(鶴灘)이라고 합니다. 원래 양재천은 구불구불 흘러가는 사행천으로 곳곳에 여울이 많았어요. 이 여울에 학이 자주 날아들어 학여울이라 불렀죠. 이렇게 보니 지명은 해당 지역

대치동은 2022년 여름철 집중호우 때 3호선 대치역에서 학여울역에 이르는 구간이 큰 침수 피해를 입었다. 침수 피해의 근본적인 원인은 양재천과 탄천이 유일하게 만나는 곳이 바로 학여울 일대 저습지이기 때문이다.

의 지형 조건을 반영하는 경우가 많군요. 큰 언덕 대치가 그렇듯이 말입니다.

스타 강사의 탄생과 대치동 학원가의 성장

지금 대치동은 사교육 1번지로 엄청난 몸값을 누리고 있지만, 강남에서 가장 먼저 개발된 곳은 이곳이 아닌 반포동 일대였어요. 1969

년 한남대교(당시 제3 한강대교)가 건설되고 1970년 경부고속도로가 개통되면서 강남 개발이 본격화되기 시작했는데, 그 중심에 반포동이 있었죠.

반포동 일대에는 강남에서 가장 넓은 저습지의 평탄한 공간이 마련되어 있던 터라 개발이 수월했습니다. 대단지 아파트와 상업 시설, 고속버스터미널 같은 인프라가 조성되면서 초창기 강남 개발의 핵심지로 급부상했죠. 반면에 대치동 일대는 강남 개발의 영향이 닿지 않은 변두리 지역에 불과했어요. 큰 언덕이 많고 여름마다 홍수 피해를 걱정해야 하는 저습지가 주를 이루는 대치동은 개발업자에게 매력적이지 않았습니다.

강남 개발의 변두리였던 대치동 개발의 신호탄을 쏘아 올린 사건은 탄천과 양재천 일대의 직강화 사업입니다. 1970년대 초, 탄천과 양재천으로 인해 근방이 큰 수해를 입자, 정부는 두 하천을 곧게 만들어 흐름을 원활하게 하는 한편 콘크리트로 제방을 쌓았습니다.[6] 직강화 사업은 여름 수해로 난공불락이던 저습지 공간을 황금의 땅으로 바꿔 주었습니다. 지금의 삼성역 일대 저습지에는 대규모 상권과 회의장이 조성되었고, 학여울역 일대 저습지에는 대단지 아파트가 들어섰죠.

6 그 뒤 양재천은 강남 발전, 탄천은 용인시 난개발 등으로 인해, 생활 하수 및 오염 물질이 흘러들어 오염 하천으로 전락하였다. 현재 양재천은 생태 공원 조성 사업, 탄천은 생태 하천 복원 사업을 거쳐 도심 속 맑은 하천으로 거듭났다.

대치동 저습지에 대단지 아파트가 조성되자 뒤이어 줄줄이 아파트가 건설되면서, 대치동의 약 4분의 3에 이르는 주택이 아파트로 바뀌었습니다. 1976년 경기고를 시작으로 강북의 명문고들이 대거 강남으로 이전했는데,[7] 대단지 아파트는 학군 수요의 기반을 충실히 마련해 줬죠. 나아가 1970년대 탄천 너머에 조성된 대단지 잠실 아파트 역시 대치동 사교육의 든든한 배후지였습니다. 이른바 강북 명문고의 명성은 강남 8학군으로 이어졌고, 이러한 환경 조건에서 중산층과 고위층이 대거 강남으로 몰리면서 사교육의 싹이 움트기 시작했죠.

대치동 학원가가 본격적으로 만들어지기 시작한 시기는 1990년대 초중반입니다. 대치동 학원가의 본격적인 성장은 고학력 유능한 강사의 유입과 맞물려 있어요. 사실 1990년대 초반까지만 해도 대치동 학원의 밀집 수준은 서울의 여느 학원 밀집 지역과 별반 다르지 않았어요. 하지만 1980년대 민주화 운동으로 직장을 가질 수 없었던 운동권 출신의 고학력자들이, 당시만 해도 상대적으로 임대료가 저렴했던 대치동에 하나둘 학원을 차리면서 사교육 메카의 터를 닦았죠. 그러다 사교육의 알파요 오메가인 '스타 강사', '대강사'의 탄생이 연이어 이루어지고, 1990년대 후반부터 온라인 교육이 본격화되면서 그 영향력은 전국구가 되었습니다.

7 1970년대 당시 정부는 강북의 인구 과밀 해소를 위해 강북에 위치해 있던 명문고들을 강남으로 이전하는 정책을 펼쳤다. 따라서 경기고, 휘문고, 숙명여고, 서울고, 중동고 등 많은 학교가 각종 경제적·행정적 특혜를 받고 강북 도심 지역에서 강남으로 학교를 옮겼다.

대치동 학원가 풍경(위)과 양재천과 학여울역 근처 아파트 전경(아래). 대치동 저습지에 대단지 아파트가 조성된 이후, 대치동의 약 3/4에 이르는 주택이 아파트로 바뀌었다. 대단지 아파트는 학군과 사교육 수요의 기반을 마련해 주었다.

대치동 학원가는 언덕과 언덕 사이의 낮은 골짜기에 놓인 도로망이 교차하는 지점을 중심으로, 이 주변에 집중하는 패턴을 보입니다. 은마아파트 입구 교차로와 수인분당선 한티역 교차로는 이른바 대치동 학원가의 핵심 지역을 형성하는 대표적인 공간이죠. 이들 공간은 지리적으로 보면 저습지에서 구릉이 시작되는 경계에 해당합니다. 경사진 비탈면이라 대단지 아파트보다는 다세대 주택이 자리를 잡았고, 그래서 학원 입지에 유리했어요. 도로 주변에 높게 지어 올린 신축 건물에는 자본력 있는 큰 학원이 들어섰고, 그 이면의 다세대 주택에는 상대적으로 자본력이 부족한 단과 및 보습 학원이 주를 이루었죠. 지표에 놓인 도로는 땅의 혈관과 같아서, 통행량이 많은 도로일수록 자본을 끌어모아 지대(地代)에서 이점을 갖습니다. 이렇게 보면 사교육 1번지 대치동 학원가의 성장은 자연과 경제, 지리, 이 세 가지 조합의 결과물이라 할 수 있습니다.

대치동·목동·중계동, 지리적 공통점과 차이점은 무엇일까?

서울에서 유명한 학원가를 꼽으라면, 대부분 대치동, 목동, 중계동을 이야기합니다. 대치동은 구릉과 하천변 저습지의 조합으로 탄생한 학원 밀집 지역이에요. 그렇다면 목동과 중계동은 어떤 지리적 조건에서 만들어진 공간일까요?

서울시 양천구 목동은 대치동과 지리적 조건이 매우 유사합니다. 선캄브리아기 편마암으로 이루어진 구릉대가 목동 주변을 지나고 있죠. 목동은 아파트가 들어서기 전까지만 해도, 둑방에 판자촌이 즐비한 가난한 동네였습니다. 게다가 한강과 안양천[8], 도림천[9]이 만나는 합류 지점 주변은 밀물 때 한강 하구에서 바닷물이 올라와, 여름철 홍수가 나면 늘 범람으로 몸살을 앓았죠. 그래서 개발이 매우 더뎠습니다.

그러다 1960년대 들어 안양천 하구 저습지가 개발되기 시작했습니다. 먼저 일시적인 농경지로만 이용되던 구로동이 공단으로 탈바꿈했죠. 그리고 1980년대 들어서는 1988년 서울올림픽을 계기로 목동이 큰 변화를 겪게 됩니다. 대규모 아파트 단지가 조성되어 지역을 대표하는 신시가지로 성장한 거죠. 이른바 '사교육 2번지' 목동 학원가의 탄생은 이처럼 한강과 안양천, 도림천이 만나는 하천변 저습지의 매립과 밀접한 관련이 있습니다.

흥미로운 점은 노원구 중계동도 마찬가지라는 사실입니다. 서울의 강북 지역에서 가장 학원가가 밀집해 있는 중계동 역시, 각각 경기도 양주시와 서울시 노원구에서 발원한 중랑천과 당현천이 만나는

8 경기도 의왕시에서 발원하여 안양시와 서울시 구로구·양천구 등을 거쳐 한강에 합류하는 하천.

9 서울시 관악구에서 발원하여 안양천으로 합류하는 하천.

서울에서 유명한 학원가가 있는 대치동, 목동(위), 중계동(아래)은 지리적 조건이 매우 유사하다. 모두 하천변 넓은 저습지를 메워 만든 도시로 대규모 아파트 단지가 들어서면서 인구가 늘었고, 그 결과 사교육이 발달할 수 있었다.

자리에 있는 넓은 저습지를 메워 만든 동네입니다. 여기에 대규모 아파트 단지가 조성되면서 인구가 늘었고, 그 결과 사교육이 발달할 수 있었었죠.

중계동이 대치동, 목동과 다른 점이라면 공간의 뿌리를 이루는 기반암입니다. 대치동과 목동이 선캄브리아기 편마암이 뿌리라면, 중계동의 뿌리는 중생대 화강암이죠. 화강암은 기본적으로 풍화에 강한 암석입니다. 구성 물질이 단단해 어지간해서는 잘 풍화되지 않는 습성이 있어요. 화강암이 풍화되려면 두부모를 잘게 다지듯, 땅속의 강한 힘을 받아 다양한 방향으로 갈라지고 쪼개지는 과정이 선행되어야 합니다. 가령 화강암이 잘게 다져진 상태라면, 풍화의 속도는 오히려 편마암보다 훨씬 빠르게 진행되는 게 일반적이죠. 중계동은 이러한 화강암의 특성을 잘 보여 줍니다.

중랑천과 당현천이 만나는 저습지 주변에는 곳곳에 꽤 높은 산지가 점처럼 흩어져 있습니다. 불암산, 초안산, 영축산, 천장산, 봉화산, 배봉산 등은 모두 100m가 넘는 산들이죠. 이들 산지는 모두 화강암이 기반암으로, 중랑천 주변의 하천변 저습지와 같습니다. 화강암은 다져짐의 정도가 낮은 곳에선 높은 산지로 남아 주변을 조망하거나 봉화를 놓을 자리가 되고, 다져짐의 정도가 높은 곳에선 낮은 저습지가 되어 너른 생활공간을 마련해 줍니다. 기반암의 풍화가 만들어 내는 이색적인 공간 마술은 그래서 우리 삶과 밀접한 관련이 있습니다.

그곳에 스타벅스가 입점하는 데는 이유가 있다

스타벅스 대치은마사거리점은 은마아파트 입구 교차로에 있습니다. 교차로가 지나는 도곡로와 삼성로는 각각 대치동을 동서와 남북으로 연결하는 주요 도로이자 학원 밀집 지역의 중심지이기도 하죠. 그래서 대치은마사거리점에서 길을 건너면, 스타벅스 대치점을 연이어 만날 수 있습니다.

범위를 넓혀 주변 스타벅스 매장의 위치를 지도에서 살펴보면, 사각향으로 구획된 필지 교차로 근처마다 스타벅스가 쌍으로 입점한 패턴을 읽을 수 있습니다. 위에서부터 순서대로 열거하자면, 대치한티점과 대치사거리점이 짝을 이루고, 한티역점과 대치은마사거리점이 쌍을 이룹니다. 거기서 한 블록을 더 내려오면, 각각 SSG마켓도곡R점과 대치재경빌딩R점이 쌍을 이루죠. 학원가를 형성하는 핵심 블록 귀퉁이마다 스타벅스가 입점해 있다는 사실은 그만큼 이곳의 커피 수요가 많음을 뜻합니다. 자녀를 둔 엄마들은 아이들을 학원에 보내고, 삼삼오오 스타벅스에 모여 학원 정보를 공유합니다. 이른바 돼지엄마의 탄생은 대치동 학원가의 커피 매장과 무관하지 않은 셈이죠.

남부순환로의 도곡역과 대치역에 각각 스타벅스 R점을 배치한 것도 흥미롭습니다. 남부순환로는 대치동 학원가에서 한 발짝 떨어진 곳으로, 학원이 많지 않습니다. 하지만 타워팰리스를 위시한 이른바 고급 주거 지역이 주를 이루는 공간이죠. 이 역시 스타벅스의 입점 전략 중 하나로, 구매력이 충분한 성인 수요층을 중심으로 스페셜티 커피와 세련된 매장 공간을 제공하려는 의도가 엿보입니다. 공간과 관련된 인간의 선택과 노력은 자연의 밑그림에 충실히 반영되어 오늘에 이르고 있습니다. 대치동 학원가의 교차로마다 쌍으로 입점한 스타벅스의 자리는 결국 대치동 저습지에서 구릉대로 이어지는 사이사이에 해당하니 말이에요.

혁신도시, 성공할 수 있을까?

원주반곡DT점

원주혁신도시가 위치한 원주시 반곡동은 20년 전만 해도 전형적인 농촌 마을이었습니다. 조각조각 흩뿌려진 논과 밭, 나무가 무성한 야트막한 언덕을 치악산이 병풍처럼 두르고 있어 고즈넉한 분위기를 자아냈죠. 그런 이곳이 지금은 상전벽해(桑田碧海) 수준으로 변모했습니다. 원주혁신도시가 들어서면서 자연과 도시가 조화를 이룬 아름다운 미래형 도시로 변모한 거예요. 대부분의 혁신도시와 마찬가지로 이곳에도 스타벅스가 입점해 있습니다. 혁신도시의 특징은 무엇이며, 원주혁신도시에 위치한 스타벅스는 어떤 모습으로 고객을 맞이하고 있을까요?

치악산 자락에 넓게 펼쳐진 원주혁신도시

저는 오랜 시간 지리를 공부하고, 이를 업 삼아 아이들을 가르치고 있습니다. 그러다 보니 이곳저곳 답사를 갈 일이 제법 많은 편이죠. 강원도 산골짝에서 제주도까지 제 발걸음은 어느덧 우리나라 구석구석에 닿은 것 같습니다. 조금은 식상한 이야기겠지만, 우리나라의 자연 풍경은 어느 계절에나 각각의 아름다움을 뽐냅니다. 봄이 되면 풍성하게 피어나는 색색의 꽃들이 온 산을 뒤덮고, 여름이면 생기 가득한 초록 잎이 존재감을 한껏 뽐내며, 가을이면 형형색색 단풍이 우리 눈을 즐겁게 하죠. 또 겨울이면 자연은 화려하게 빛나던 계절을 뒤로하고 하얀 눈 속에 파묻혀 고요하게 계절을 지냅니다.

얼마 전 제천 답사를 가는 길에 강원도 원주에 자리한 혁신도시에 잠시 들렀습니다. 고속도로에서 벗어나 조금 달리니, 이내 단정한

원주혁신도시 전경. 병풍처럼 둘러싼 치악산 자락에 얹힌 혁신도시의 모습은, 마치 포근하고 안락한 요람에 놓인 미래 도시처럼 느껴진다.

주택과 새로 지은 빌딩으로 단장한 원주혁신도시의 모습이 시야에 들어왔습니다. 병풍처럼 둘러싼 치악산 자락에 얹힌 혁신도시의 모습은, 마치 포근하고 안락한 요람에 놓인 미래 도시처럼 느껴졌죠. 그래서 궁금증이 생겼습니다. 혁신도시의 스타벅스는 어떤 공간의 문법을 가지고 있을지 말이죠.

원주혁신도시에는 스타벅스가 두 곳 있습니다. 하나는 원주혁신도시점이고, 하나는 원주반곡DT점이죠. 원주혁신도시점은 우리가 흔히 만나는 여느 스타벅스처럼 큰 건물 1층에 있습니다. 원주반곡DT점이 좀 특이한데, 주거지나 상업 지역이 아닌 한산한 거리에 위치해 있죠. 차를 타고 가다 보면 이런 곳에 왜 스타벅스가 있을까 하는 생각이 들 정도입니다.

하지만 지도를 보면 스타벅스가 왜 이곳에 입점했는지 조금은 이해가 갑니다. 스타벅스가 위치한 거리는 혁신도시와 원주 시가지를 잇는 길목으로, 사람들이 출퇴근할 때 이용하는 길입니다. 제가 방문했던 날은 평일 낮이라 그런지 좀 한산한 편이었습니다. 주변에 주거지가 거의 없고, 주차장이 잘되어 있어서 차를 갖고 온 고객들이 대부분이었죠.

혁신도시,
국토 균형 발전의 첨병

원주혁신도시는 원주시 반곡동에 조성된 신도시입니다. '혁신(革新)'은 한자 말을 그대로 풀이하면 '기존 가죽을 새롭게 한다'는 뜻이에요. 이곳은 그 이름에 걸맞게 새로 지은 고층 빌딩과 널찍한 도로, 쾌적한 환경이 잘 갖춰진 첨단 도시라 할 수 있죠. 거기에 면적의 25%가량 되는 공원·녹지는 도심 곳곳을 초록으로 물들입니다. 그만큼 혁신도시는 미래를 향해 나아가는 세련된 이미지를 갖고 있습니다.

본디 혁신도시는 공공 기관의 이전을 바탕으로 지방 발전을 꾀하기 위해 고안된 도시 모델입니다. 공공 기관은 해당 지역의 기업과 대학, 연구소가 긴밀하게 연결할 수 있는 마중물 역할을 합니다. 따라서 어느 한 지역에 공공 기관이 이전해 오면, 그곳은 새로운 상권이 형성되고 인구가 크게 늘어나는 등 많은 변화를 겪게 되죠. 혁신도시는 이러한 공공 기관의 이전을 기본으로, 스마트한 주거 환경, 지능형 교통 시스템 등 유려한 도시 인프라가 함께 조성됩니다.

결국 혁신도시의 손가락이 가리키는 것은 수도권 집중 현상을 억제함과 동시에 지방의 경쟁력을 높이려는 국토 균형 발전의 큰 그림입니다. '지역 일자리 창출'과 '산뜻한 정주 환경의 신도시 건설'이라는 두 마리 토끼를 잡기 위한 혁신도시의 건설은 국토 균형 발전의 첨병인 셈이죠.

2012년 말부터 시작된 공공 기관 이전은 2022년 기준, 전국 10개의 혁신도시로 이어졌습니다. 혁신도시라는 이름값에 걸맞은 시스템 구축이 이루어지면, 자연스럽게 상주인구가 늘고 일정 규모의 상권이 형성되죠. 새로운 상권의 형성은 유동인구의 증가로 이어지니, 자연스럽게 스타벅스가 입점할 수 있는 기반이 마련됩니다. 따라서 지방 소도시의 경우 스타벅스가 있는 곳이 많지 않지만, 혁신도시의 경우 대부분 스타벅스가 입점해 있습니다. 스타벅스의 입점은 혁신도시의 브랜드 가치에 날개를 달아 주고, 스타벅스는 일정 수준의 수요층 확보로 새로운 점포를 낼 기회를 얻는 선순환이 만들어지는 겁니다.

혁신도시, 어디에 만들어질까?

그렇다면 혁신도시는 어떤 곳에 만들어질까요? 혁신도시는 개발 방식에 따라 크게 두 가지로 나뉩니다. 하나는 기존 도시를 활용해 만들어 이미 갖춰진 도시 인프라를 공유하도록 하는 방법이 있고, 다른 하나는 아예 아무것도 없는 새로운 부지를 찾아 무에서 유를 창조하는 방법이 있죠.

기존 도시를 활용한 대표적인 혁신도시는 부산의 센텀시티입니다. 센텀시티는 기존 도시인 부산 해운대구의 구도심을 재개발한 것으로, 영화진흥위원회 등 7개 기관이 이전하면서 국제회의장, 대단지 상업 지구, 주거 지구가 새로이 들어섰죠. 한편 기존 도시를 활용하는 방법에는 구도심이 아닌, 도시 외곽의 미개발지를 활용하는 방식도 있습니다. 울산의 우정혁신도시가 대표적인 예로, 울산 시가지의 외곽 지역에 조성되었습니다. 공업 도시 울산의 성격에 맞게 한국에너지공단, 한국석유공사, 한국동서발전 등의 공공 기관이 이전했죠.

부산과 울산, 이렇게 대도시에 만들어진 혁신도시는 대체로 기존 대도시의 일부에 혁신의 공간을 조성했다는 공통점이 있습니다. 대구, 진주(경남), 제주도 마찬가지죠. 반면에 독립형 신도시를 개발하는

부산 센텀시티는 해운대구 구도심을 재개발해 만든 혁신도시로, 영화진흥위원회 등 7개 기관이 이전하면서 국제회의장, 대단지 상업 지구, 주거 지구가 새로이 들어섰다.

방식은 대체로 지방 중소도시에 적용됩니다. 나주(광주·전남), 원주(강원), 진천·음성(충북), 전주·완주(전북), 김천(경북)이 대표적입니다. 이들 지역은 기존 도시의 인프라를 공유하지 않습니다. 날것의 부지를 마련해 공간을 자연 상태 그대로 놓고, 빈 서판에 그림을 그리듯 신도시를 만들죠. 기존 도시를 활용하지 않는다는 면에서 위험성이 크지만, 스마트한 도시 모델을 구현할 수 있다는 점에서 혁신도시라는 이름에는 조금 더 어울리는 셈입니다.

그런데 이들 신도시형 혁신도시는 지리적으로 흥미로운 공통점이 있습니다. 바로 모두 '화강암 구릉대에 그려졌다'는 것입니다.

혁신도시의 자리,
화강암 구릉대

신도시형 혁신도시가 조성된 곳을 위성사진으로 살펴보면 한 가지 공통점을 발견할 수 있습니다. 물결처럼 찰랑이는 화강암 구릉의 향연을 감상할 수 있다는 거죠. 구릉과 구릉이 연속적으로 펼쳐진 지형은 그 사이 공간을 이용하기도 좋고, 여차하면 작은 구릉 하나를 없애 평탄하게 만들어도 괜찮습니다. 나지막한 산에 푸르른 숲이 우거져 있고, 아늑하고 안정감을 느끼게 해 주는 화강암 구릉대는 그래서 매력적인 공간입니다.

그러면 화강암 구릉대는 어떻게 형성될까요? 중생대 마그마가 지하 깊은 곳에서 서서히 식으면서 만들어진 화강암은 우리 주변에서 쉽게 볼 수 있는 대표적인 암석입니다. 화강암의 몸을 이루는 마그마는 지각변동으로 갈라진 땅 사이를 비집고 들어온 경우라, 암석으로 바뀌는 과정에서 치밀하고 단단하게 조련됩니다. 조금 어렵게 표현하면 암석과 암석 사이의 공극률(암석이나 토양의 입자와 입자 사이에 있는 빈틈이 차지하는 비율)이 매우 낮다는 거죠. 그래서 기본적인 물리적 충격에 잘 견디는 특성을 보입니다.

하지만 기반암은 땅의 힘으로부터 자유롭지 못합니다. 오랜 지질시간을 거치면서 다양한 방향의 힘을 받기 때문에 뒤틀림이나 균열 등 세월의 흔적이 남죠. 화강암이 기반암인 경우도 마찬가지입니다.

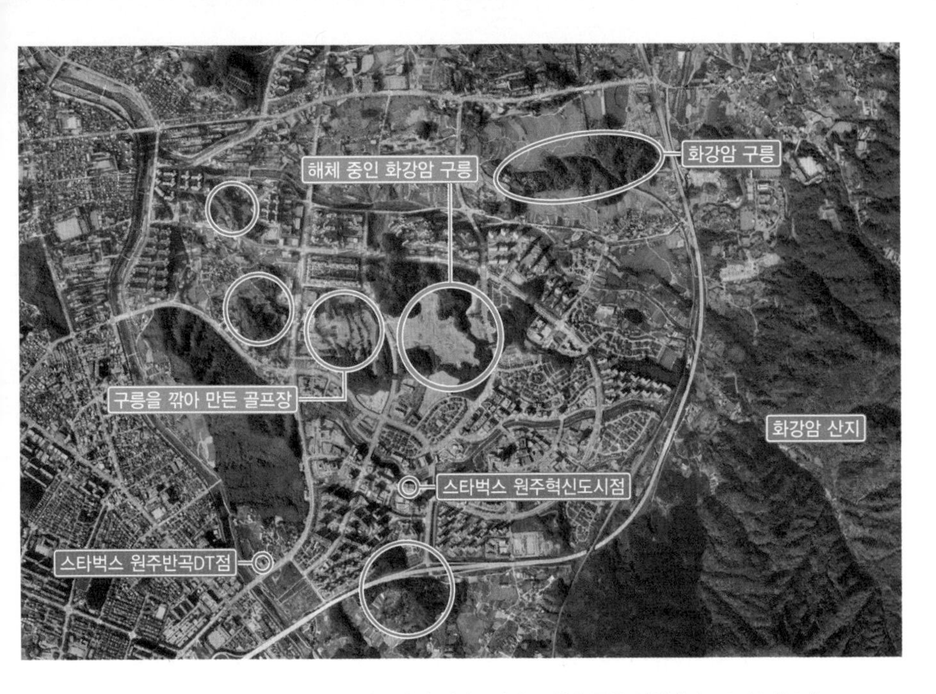

신도시형 혁신도시가 조성된 곳을 위성사진으로 살펴보면 공통적으로 물결처럼 찰랑이는 화강암 구릉을 볼 수 있다. 사진은 원주혁신도시의 위성사진.

화강암은 이미 오래전에 형성된 터라, 곳에 따라 땅이 갈라진 정도가 다릅니다. 많이 갈라진 곳은 잘게 다진 두부모마냥 깊이 풍화되고, 아닌 곳은 독립된 암상(岩床)으로 남기도 하죠. 파도가 물결치는 모양으로 펼쳐진 화강암 구릉대가 발달하기 위해서는, 이처럼 오랜 세월과 더불어 일정한 방향성을 가진 힘이 뒷받침되어야 합니다.

여기서 한 가지 심화 학습을 해 볼까요? 물결처럼 펼쳐진 화강암 구릉대는 자세히 보면 지역에 따라 구릉의 높낮이가 다릅니다. 어느 곳은 약 50m 내외의 낮은 기복을 보이지만, 또 어느 곳에서는

100~200m 정도로 높은 기복을 보이거든요. 지역마다 왜 이렇게 차이가 나는 걸까요? 정답은 화강암을 구성하는 광물질의 크기에 있답니다. 광물 입자가 큰 것과 작은 것을 비교한다면, 아무래도 큰 쪽의 화강암 속으로 수분의 침투가 더 잘 이루어지겠죠? 물은 풍화를 촉진하는 특급 도우미니, 화강암이 더 잘, 그리고 더 깊이 풍화될 테고, 그러면 암석이 더 많이 떨어져 나갑니다. 화강암을 구성하는 물질의 크기가 작다면 그 반대로 생각하면 되고요. 정리하자면 우리가 마주하는 땅의 모습은 그냥 아무렇게나 생긴 게 아니랍니다. 뭐랄까요? 각자의 존재 이유가 있다고 말하는 게 정확한 표현이겠네요.

신도시형 혁신도시가 조성된 화강암 구릉대의 모습은 정도의 차이가 있지만, 대체로 앞선 화강암의 풍화 양상을 반영하는 공간입니다. 원주를 비롯해 나주, 진천·음성, 전주·완주, 김천이 모두 마찬가지죠. 정리하자면 신도시형 혁신도시가 화강암 구릉대에 조성된 까닭은, 화강암이 넓고 고르게 풍화되어 구릉대를 이루는 경우가 많아서입니다.

혁신도시는
어떤 과정을 거쳐 만들어질까?

아무런 기반 시설도 없는 허허벌판에 하나의 도시를 만드는 일은 세상을 창조하는 일이나 다름없습니다. 설계에서 시공까지, 모든 일이 철저한 계획 아래 유기적으로 이루어져야 하죠. 여기서 우리는 신도시형 혁신도시를 설계한 사람들이 그 위치를 정할 때 지리적인 관점에서 어떤 점을 고려했을지 한번 따져 보기로 하겠습니다.

우선 기존 시가지에서 너무 멀지 않은 공간을 찾았을 겁니다. 너무 멀면 접근성이 떨어져 이주하는 사람이 많지 않을 테니까요. 그 공간은 험준한 산지로 둘러싸인 곳이거나 완전히 평탄한 농경지여서는 곤란합니다. 낮고 완만한 구릉이 연속적으로 발달하고, 그 사이마다 소수의 부락 정도가 생활하는 공간이 있어야 부지 확보에도 좋고, 숲을 곁에 두기도 좋기 때문이죠.

부지를 확보했다면 구릉과 구릉 사이의 제법 넓은 공간에는 상권 부지를 놓습니다. 구릉과 구릉 사이의 공간이 좁다면, 구릉을 깎고 다듬어 아파트나 주택 단지로 활용해 숲과 함께하는 자연 친화적인 주거 환경으로 만듭니다.

높고 낮은 구릉이 이어진 구릉대 주변에는 실개천이 발달합니다. 아무리 작은 구릉이라도 높고 낮음이 있으니 산이라 할 수 있습니다. 그러니 작은 골짜기에 물이 모여 흐르면서 실개천이 생겨나게 되죠. 모름지기 신도시형 혁신도시라면 경관의 미를 더하고 시민의 삶의 질을 향상시켜 줄 호수 하나 정도는 있어야 합니다. 이를 위해 구릉의 규모가 크거나, 높은 산지와 가까운 공간이 있다면 골짜기를 막아 저수지나 인공 호수를 만들어도 좋습니다. 운 좋게 규모가 큰 하천이 지난

나주혁신도시는 농사를 위해 조성한 저수지를 공원으로 활용했다. 중심에 있는 구릉을 남겨 그 위에 전망대를 만들었는데, 전망대에 올라가면 나주혁신도시와 저수지의 아름다운 풍경을 한눈에 감상할 수 있다.

다면, 하천의 아름다운 경관을 잘 다듬어 저수지를 대체하면 되고요.

원주혁신도시는 치악산 자락에 위치한 덕에 제법 규모가 있는 하천인 입춘내천이 지납니다. 원주혁신도시는 입춘내천에 두물수변공원을 조성해 혁신도시의 아름다움을 높이고 있죠. 진천혁신도시도 함박산에서 내려오는 물줄기를 잡아 곳곳에 호수 공원을 만들어 놓았습니다. 김천혁신도시 역시 구릉대 사이의 골짜기를 막아 호수를 만들거나, 주변 하천의 물을 끌어들여 호수 공원을 조성했다는 공통점이 있죠. 본디 농경이 발달했던 전주·완주혁신도시와 나주혁신도시는 농사를 위해 조성한 저수지를 공원으로 활용한 것이 특징적입니다. 특히 나주혁신도시는 중심에 우뚝 솟은 구릉을 그대로 남겨 그 위에 전망대를 만들었어요. 전망대에 올라가 바라보면 나주혁신도시와 저수지의 아름다운 풍경이 한눈에 펼쳐지죠.

자칫 아무런 관련이 없는 듯 보이는 각 지방의 신도시형 혁신도시는 이처럼 화강암 구릉대라고 하는 지리 문법 하나로 말끔하게 정리할 수 있습니다. 이쯤 되면 지리 공부는 공간을 이해하는 데 제법 쓸모 있는 강력한 도구라고 말할 수 있겠죠?

혁신도시의 현재와 미래, 그곳의 스타벅스

국토 균형 발전의 큰 꿈을 안고 호기롭게 출발한 혁신도시는 출범 당시의 목적을 어느 정도 달성했을까요? 모든 혁신도시의 성적표를 뭉뚱그려 표현할 순 없지만, 확실한 것은 신도시형 혁신도시의 성적표는 절반의 성공에 그쳤다는 겁니다. 혁신도시는 공공기관 이전이라는 빅 카드를 활용해 생활환경을 개선한 측면에서는 확실히 이점이 있지만, 그만큼의 한계도 명확합니다. 문제는 인구입니다. 혁신도시 10곳 중 목표 인구에 달성한 곳은, 2022년 기준 단 2곳에 불과합니다.

신도시형 혁신도시는 인구 유입에 확실히 불리합니다. 기존 도시를 활용해 혁신도시를 만들면, 오랜 시간 구축된 인프라와의 연계성 및 광역 교통망의 이점을 활용해 인구를 자연스럽게 유도할 수 있습니다. 가령 수도권 신도시 분당의 경우, 기존 성남시의 인프라를 함께 활용함은 물론, 새롭게 단장한 말끔한 도시 환경으로 기존 성남 주민의 큰 호응을 받았어요. 광역 교통망으로 연결된 강남 주민이 대거 유입한 것도 분당의 브랜드를 다지는 데 큰 공헌을 했고요. 도시라면 모로 가도 인구가 많아야 합니다.

그런 면에서 신도시형 혁신도시는 분명한 한계가 있습니다. 기존 도심과의 거리가 가장 큰 문제입니다. 이주해 온 사람이 병원, 법원 등 고차 서비스를 이용하기 위해 다시 대도시로 나가야 하는 이

〈표 1〉 5년간 혁신도시별 순 이동자 비율 (단위: %)

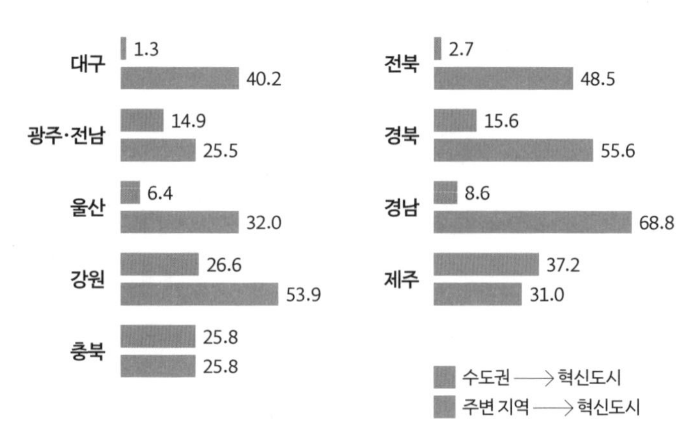

• 2015~2020년 7월 기준, 부산은 5년 동안 전체 순 이동자 수가 마이너스(-345명)로 제외
• 자료: 더불어민주당 김윤덕 의원실

〈표 2〉 10개 혁신도시 순이동자 수 변화 추이 (단위: 명)

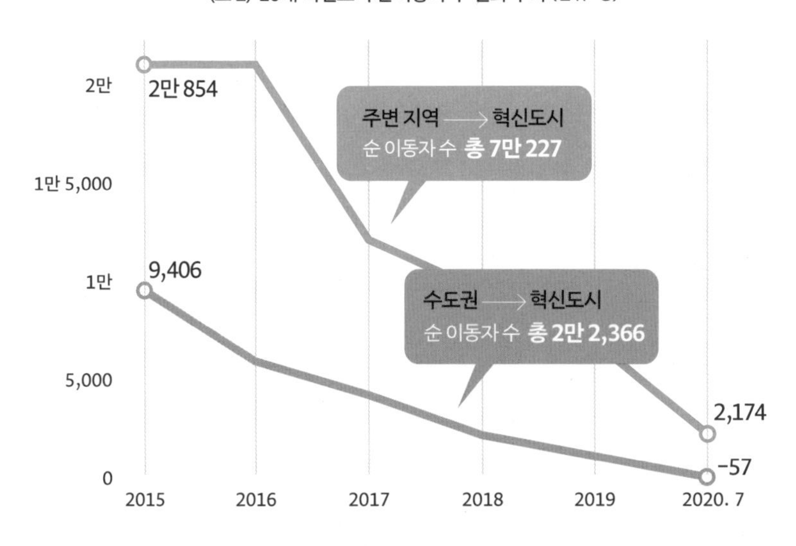

• 순 이동자 수: 전입자 수 - 전출자 수. 2020년은 순 이동자 수가 마이너스(-57)로, 전입자 수보다 전출자 수가 많았음.
• 자료: 더불어민주당 김윤덕 의원실

중고가 생기죠. 이러한 문제는 신도시형 혁신도시를 넘어 지방의 대부분 도시가 안고 있는 본원적 한계이기도 합니다. 수도권 집중화가 날로 심화하고 있는 상황에서 제아무리 스마트한 시스템을 갖춘 도시를 만들어도 도시의 핵심인 인구가 없다면 무용지물이라는 겁니다. 2020년 통계에 따르면, 혁신도시에서 수도권으로 이동한 인구수는 수도권에서 혁신도시로 이동한 인구수보다 많았습니다(〈표 2〉 참고). 나아가 혁신도시를 채우는 인구는 수도권이 아닌 주변 구도심 지역에서 이주한 경우가 많았죠. 이러한 인구 이동 양상은 수도권 인구 분산이라는 본래 취지를 무색하게 만드는 결과입니다.

재미있는 사실은 유동인구를 무엇보다 중요하게 생각하는 스타벅스가 아직은 인구가 부족한 혁신도시에 대부분 입점해 있다는 것입니다. 약속이라도 한 듯 혁신도시의 중심 상권에는 스타벅스 매장이 도도히 자리 잡고 있죠. 하지만 스타벅스의 매장 수는 역시나 차별적입니다. 부산 구도심을 활용한 센텀혁신도시는 좁은 공간에 10개의 매장이 입점해 있는가 하면, 김천혁신도시에는 1개에 불과합니다.

주변 대도시로의 접근성이 괜찮은 혁신도시에는 대도시로 나가는 길목에 드라이브 스루(drive thru) 매장을 내 출퇴근 손님을 노립니다. 앞서 소개한 원주혁신도시 원주반곡DT점이 그렇고, 나주혁신도시 나주혁신DT점이 그렇습니다.

혁신도시건 스타벅스 매장이건 핵심은 인구입니다. 혁신도시에 입점한 스타벅스가 떠나면, 혁신도시의 인구는 이미 떠나고 없는 상황일 겁니다. 인구는 도시의 혈액이죠. 인구가 많아야 돈이 돌고 그래야 도시가 삽니다. 인구 없는 혁신도시는 국토 균형 발전이라는 원대한 계획의 암울한 미래일 수 있습니다.

갯벌이 사라진 자리, 그 위에 만들어진 도시

송도컨벤시아대로DT점

예부터 인천은 '갯벌의 고장'으로 널리 알려져 왔습니다. 많은 인천 사람이 갯벌에서 부지런히 삶을 꾸려 왔죠. 하지만 이제 인천은 송도국제도시로 더 유명합니다. 수많은 높은 빌딩과 푸르른 공원, 바다가 보이는 산책길 등 모든 것을 갖춘 듯한 송도국제도시는 사람들이 선망하는 주거지로 단숨에 자리매김했죠. 그런데 송도국제도시는 근처에 있는 경기도 부천시 넓이와 거의 비슷한 55km² 정도의 갯벌을 매립하고, 그 위에 조성한 신도시입니다. 이 송도국제도시에서 지난 2018년 '기후변화에 관한 정부 간 협의체(IPCC)' 총회가 열렸습니다. 갯벌과 기후변화, 그리고 스타벅스(커피)가 어떤 연관이 있는지 살펴볼까요?

뜨거워지는 지구,
이상기후

지난 수십 년 동안, 국제사회의 관심은 환경문제, 그중에서도 기후변화에 놓여 있습니다. 기후변화는 21세기 화두이자, 메가 트렌드라 할 수 있죠. '더 빨리, 더 멀리, 더 많이'로 상징되는 20세기의 패러다임은 실로 많은 부작용을 낳았습니다. 지난 세기를 주름잡은 도시화와 산업화의 패러다임은 어떻게 보면 자연환경을 인공 환경으로 바꾸는 일이었어요. 환경은 인간의 욕구 충족과 성장을 위한 부산물로 여겨졌고, 환경 이용을 통한 성장 이데올로기는 누구도 거스를 수 없는 보편 질서로 받아들여졌죠. 이러한 인간 중심의 사고에 급제동을 건 것이 바로 기후변화입니다.

기후변화로 인해 지구가 갈수록 뜨거워지면서 세계 곳곳에서 이상기후와 자연재해가 끊이지 않고 있습니다. 기후변화는 성장 이면

송도국제도시는 근처에 있는 경기도 부천시 넓이와 거의 비슷한 55km² 정도의 갯벌을 매립하고, 그 위에 조성한 신도시다. 사진은 송도 갯벌이 매립되기 전인 2010년의 모습.

에 숨어 있던 환경 파괴의 심각성을 피부로 느끼게 했죠. 이는 우리나라도 예외가 아닙니다. 열대기후에서 볼 수 있는 스콜성 소나기가 자주 내리거나, 꽃 피는 4월에 한파와 고온 같은 이상 기후 현상이 동시에 생겨 사람들을 당황하게 만들기도 했어요.

따라서 국제사회는 기후변화의 속도를 늦추기 위해 많은 노력을 하고 있는데, 그 중심에 '기후변화에 관한 정부 간 협의체(IPCC, Intergovernmental Panel on Climate Change)'가 있습니다. IPCC는 유엔 산하 기관으로, 기후변화에 대한 대책을 마련하기 위해 세계기상기구(WMO)와 유엔환경계획(UNEP)이 1988년에 공동으로 설립한 단체입니다.

195개 국가가 회원국으로 가입되어 있으며, 전 세계 수천 명의 과학자들과 기타 전문가들이 참여하고 있죠. 2007년에는 기후변화에 대한 인간의 이해에 기여한 공로를 인정받아 미국 전(前) 부통령 앨 고어(Al Gore)와 함께 노벨평화상을 받기도 했습니다.

갯벌이 사라진 자리, 그곳에 우뚝 솟은 경제특구

이번엔 인천광역시의 송도국제도시로 떠나 볼까 합니다. 아침 일찍, 서울에서 출발해 송도로 향했습니다. 누군가 말했죠. 여행의 백미는 목적지에 도착하기까지의 여정이라고요. 송도 가는 길도 그랬습니다. 설레는 마음에 한껏 음악 소리를 높이고, 논과 밭, 낮은 산들의 풍경을 상상하며 고속도로를 즐겁게 달렸습니다. 하지만 이내 여느 지방을 갈 때와 다르다는 사실을 깨달았어요. 1시간 넘게 운전하는 동안 녹음의 풍경이 정겹게 펼쳐지는 경관이 거의 없었던 겁니다. 행정구역은 다르지만 서울과 한 몸을 이루어 가는 도시화의 위력을 실감하는 순간이었죠.

송도 근처에 다다랐을 무렵, 저 멀리 탁 트인 바다와 함께 우뚝 솟은 빌딩들이 보이기 시작했어요. '국제도시' 타이틀을 가지고 있는 송도라면, 그에 걸맞은 화려한 도시적 경관미가 도드라질 것이라 생각했는데, 예상이 정확했죠. '미래 도시가 바로 여기 아닐까' 하는 생각이 들 정도로 빼곡하게 늘어선 빌딩 숲은 보는 사람을 위축시킬 정도로 압도적인 풍경을 뽐내고 있었습니다.

송도는 갯벌을 매립해 만든 도시입니다. 이곳 송도컨벤시아에서 2018년 10월에 IPCC 제48차 총회가 열렸습니다. 환경적인 관점에서 볼 때 갯벌을 매립한 송도에서 IPCC 총회가 열리다니, 참 아이러니하다는 생각이 듭니다. 그러면 송도가 어떤 도시인지부터 자세히 알아볼까요?

1980년, 중국은 선전[深圳], 주하이[珠海]를 시작으로 해안 지역에 경제특구를 지정하기 시작했습니다. 1990년대 들어서는 상하이[上海]가 특구로 지정되었죠. 경제특구의 목적은 외국인 투자 환경을 개선해 해외 자본을 적극적으로 끌어들이는 데에 있었습니다. 이러한 중국의 전략은 제대로 통해서 경제적으로 큰 성과를 거두었습니다. 마침내 중국은 '세계의 공장'이라는 별명을 얻게 되었죠. 그러자 우리나라는 이를 벤치마킹해 한국형 경제특구를 선보였는데, 그곳이 바로 인천 송도국제도시입니다. 여기에 더 이상 머뭇거리다간 국제 물류나 비즈니스의 중심을 모두 중국에 빼앗길지도 모른다는 절박함도 한몫했고요.

송도국제도시를 만든 8할은 갯벌입니다. 갯벌은 바다와 육지가 만나는 점이지대인데, 조수간만의 차로 갯벌이 만들어지는 범위는 대략 조간대(潮間帶)와 일치합니다. 조간대는 밀물과 썰물 때 해수면

인천 송도국제도시 전경. 오랜 시간 갯벌이 점유했던 조간대의 공간은 이제 마천루가 즐비한 인공 도시로 변했다. 갯벌이 나고 자란 공간이 조간대지만, 인간의 관점으로만 보면 무에서 유를 창조한 신도시가 바로 송도국제도시다.

의 차이로 드러나는 육지부를 뜻합니다. 조수간만의 차가 클수록 조간대는 넓게 나타나는 게 일반적이어서, 동해안의 조간대가 수 미터 내외에 불과하다면 서해는 수 킬로미터에 이르죠. 송도국제도시가 속한 경기만 일대는 한반도에서 손가락 안에 꼽히는 조수간만의 차를 자랑합니다. 그래서 인천 앞바다는 갯벌이 탁월하게 발달하고 조간대가 넓죠.

본디 인천의 해안선은 들고 남이 복잡했습니다. 자연에 대한 인간의 지배력이 약했던 시절이라, 인간은 자연이 허락한 만큼만 이용했고 이에 순응했죠. 하지만 기술의 발달은 자연과 인간의 역학을 인간 우위로 급격히 기울게 만들었습니다. 오랜 시간 갯벌이 점유했던 조간대의 공간은 마천루가 즐비한 인공 도시로 변해 갔습니다. 갯벌이 나고 자란 공간이 조간대지만, 인간의 관점으로만 보면 무에서 유를 창조한 신도시가 바로 송도국제도시죠.

간척으로 얻은 평탄하고 균질하며 광활한 공간은 활용도 면에서 이점이 큽니다. 간척지는 유명 화가의 빈 도화지마냥 신선한 도시 모델을 그릴 수 있는 밑그림을 제공했죠. 이웃한 청라국제도시, 인천국제공항과 하늘신도시, 남동국가산업단지는 모두 조간대라는 밑그림에 그려진 인간의 그림입니다.

지구온난화, 기온 상승,
그리고 1.5℃

고속도로 톨게이트를 빠져나와 바로 송도컨벤시아로 향했습니다. 남다른 조간대 위에 새겨진 송도국제도시라는 그림 속에서 송도컨벤시아는 중요한 부분을 차지하거든요. 2018년, 이곳에서 IPCC 총회가 열릴 당시, 회원국들은 만장일치로 「지구온난화 1.5℃ 특별보고서」를 채택했어요. 보고서의 핵심은 간단명료합니다. '2100년까지 지구 평균기온 상승을 산업화 이전과 비교해 1.5℃ 내로 억제해야 한다'는 것이 그 주요 내용이었죠.

이는 2015년 파리 기후 협약[10] 당시만 해도 2℃였던 감축 목표를 0.5℃ 더 낮춰, 1.5℃로 상향 조정한 것입니다. 그 뒤 2022년 열린 총회에서는 '1.5℃ 지구온난화 제한 목표를 달성하기 위해서 2030년까지 전 세계 온실가스 순 배출량을 2019년 대비 43% 감축해야 한다'는 내용의 보고서를 승인했죠. 이 보고서에 따라, 회원국 전원은 2030년까지 이산화탄소 배출량을 감축해야 합니다. 1.5℃는 불철주야 산업화를 향해 달려온 인류에게 큰 도전임이 분명합니다.

1.5℃ 목표를 달성하기 위해서는 기존 패러다임을 뒤흔드는 발상의 전환이 필요합니다. 이산화탄소의 배출을 억제하는 것을 넘어, 대기에 만연한 이산화탄소를 역으로 회수하려는 노력까지도 필요하죠. 대기 중 이산화탄소를 줄이고 되가져오는 전략을 잘 짜면, 기후변화의 속도를 조금이라도 늦출 수 있다는 기대는 이번 기후변화 회의의 핵심 메시지인 셈입니다.

그런데 기후가 변한다고 해서, 기껏해야 지구의 온도가 2℃쯤 올라간다고 해서 뭐가 문제라는 걸까요? 게다가 그걸 상향 조정해서 1.5℃ 이내로 억제하는 이유가 뭘까요? 「지구온난화 1.5℃ 특별 보

10 온실가스 배출을 줄이기 위해 체결된 기후변화 협약으로, 2015년 12월 프랑스 파리에서 개최된 제21차 총회에서 채택되었다. 2020년에 만료된 교토의정서를 대체하여 2021년부터 적용되었다. 교토의정서는 선진국에만 온실가스 감축 의무를 부여했으나, 파리 기후 협약은 회원국 모두에게 감축 의무를 부여하고 있다.

2018년 IPCC 총회가 열린 송도컨벤시아. 당시 회원국들은 '2100년까지 지구 평균기온 상승을 산업화 이전과 비교해 1.5℃ 내로 억제해야 한다'는 내용의 보고서를 만장일치로 승인했다.

고서」에서는 몇 가지 사례를 들어 그 이유를 설명하고 있습니다.[11] 그 사례들을 보면, 100년 뒤에는 어떤 재앙이 우리에게 닥칠까 걱정이 될 정도입니다.

먼저, 1.5℃ 지구온난화에서는 북극해 해빙(海氷)이 여름에 모두 녹아 없어질 가능성이 100년에 한 번이라면, 2℃ 지구온난화에서는 10년에 한 번이라고 합니다. 그리고 산호초 감소율은 1.5℃ 지구온

11 IPCC 「지구온난화 1.5℃ 특별 보고서」를 번역한 「지구온난화 1.5℃ 특별 보고서: 정책 결정자를 위한 요약본」(기상청) 참고.

난화에서는 70~90%로 예상되는데, 2℃ 지구온난화에서는 99% 초과로 예상된다고 하죠. 무엇보다 우리 생태계가 문제입니다. 10만 5,000개의 연구 생물종 가운데 1.5℃ 지구온난화에서는 곤충의 6%, 식물의 8%, 척추동물의 4%가 서식지의 절반 이상을 잃을 것으로 전망됩니다. 그런데 2℃ 지구온난화에서는 곤충의 18%, 식물의 16%, 척추동물의 8%로 그 수치가 훨씬 늘어납니다.

기후변화,
커피 산업을 위협하다

송도컨벤시아를 둘러보고 나오는 길에, 근처에 있는 스타벅스 송도컨벤시아대로DT점을 들렀습니다. 스타벅스 송도컨벤시아대로DT점 역시 송도컨벤시아와 마찬가지로 기하학적인 외관이 인상적이죠. 스타벅스 송도컨벤시아대로DT점에서 기후변화 회의가 열린 송도컨벤시아 전시관을 생각하면, 생각은 자연스럽게 커피 산업과 기후변화의 관계에 닿습니다. 커피 원두는 결국 알맞은 기후를 통해서만 얻을 수 있는 자연의 선물이니까요.

기후변화는 스타벅스가 주도하는 커피 산업에도 경종을 울렸습니다. 기후변화가 유발하는 세계 곳곳의 이상기후는 커피나무에 치명적이거든요. 커피나무는 기후에 예민한 식물입니다. 연평균 기온

15~24℃, 습도 60~75% 내외, 연 강수량 2,000mm 내외, 연간 일조량 2,200시간 내외가 커피나무가 요구하는 기본 조건이죠. 이 조건에 부합하는 지역은 열대 및 아열대 기후 지역으로, 범위를 잡아 보면 대략 남·북위 25° 내외에 해당합니다. 커피만을 위한 이 특별한 공간을 '커피 벨트'라 부릅니다. 스타벅스 커피 원두도 대부분 커피 벨트에서 생산되죠. 기후변화는 커피 벨트를 위협하는 최대의 적으로 간주되고 있습니다. 미국 국립과학원은 지금과 같은 기온 상승이 지속된다면, 2050년경 커피 콩 재배지의 절반 이상이 사라질 것이라는 암울한 연구 결과를 내놓은 바 있습니다.

기후변화가 커피 산업에 두려운 까닭은 커피나무의 팬데믹(pandemic) 때문입니다. 특히 기온 상승이 무섭습니다. 기온이 오르면 커피 녹병(Coffee Leaf Rust)이 슬그머니 고개를 들어, 커피나무 잎사귀에 곰팡이가 번식하면서 누렇게 변하기 때문이죠. 잎은 광합성을 통해 나무의 생명을 유지하는 중요한 기관이니, 녹병에 걸린 커피나무에서 풍성한 열매를 기대하기는 힘듭니다.

커피 녹병은 번식 속도도 빨라서, 삽시간에 유럽을 휩쓸었던 흑사병처럼 커피 농장을 차례로 무너뜨립니다. 19세기 중반까지 커피 재배로 유명했던 스리랑카(실론)를 홍차의 섬으로 바꾼 것도 커피 녹병의 창궐이었습니다. 전 세계에서 가장 유명했던 인도네시아 자바섬의 자바 커피도 커피 녹병으로 인해 역사 속으로 사라졌죠. 최근 중·남부 아메리카의 과테말라, 브라질의 커피 농장을 초토화시켜 원두

커피나무는 기후에 예민한 식물로, 연평균 기온 15~24℃, 습도 60~75% 내외, 연 강수량 2,000mm 내외, 연간 일조량 2,200시간 내외가 커피나무가 요구하는 기본 조건이다. 사진은 브라질 고원 지대에 있는 커피 농장.

공급의 질서를 방해한 것 역시 커피 녹병입니다. 커피 녹병이 돌면 제아무리 의욕 충만한 국가나 기업도 두 손 두 발을 다 들 수밖에 없습니다.

기후변화에 따른 이상기후의 증가는 예년보다 강수량이 훨씬 많거나 적고, 기온이 훨씬 높거나 낮은 상태로 인류를 위협합니다. 무엇이든 예상을 뛰어넘는 일은 후폭풍이 거셉니다. 그런 면에서 기후변화에 따른 커피 산업의 위기는 피할 수 없는 숙명과도 같죠. 커피 업계의 공룡 기업 스타벅스라도 기후변화는 피해 갈 수 없는 통과의례라는 겁니다.

기후변화가 커피 산업에 두려운 까닭은 커피나무의 팬데믹 때문이다. 특히 기온이 오르면 커피 녹병이 돌아 커피나무 잎사귀에 곰팡이가 번식하면서 농사를 망치게 된다.

스타벅스는 왜 기후변화에 민감할까?

커피 생산량은 커피 가격을 결정하는 바로미터입니다. 일단 수요에 맞게 원두가 제대로 공급되어야 가격이 안정되죠. 하지만 기후변화가 기승을 부리면, 원두의 생산량이 감소되어 커피 공급에 문제가 생깁니다. 수요는 많은데 공급이 부족해지면 가격은 오르게 되죠. 커피값이 큰 폭으로 오르면, 제아무리 충성 고객이라도 지갑을 여는 데 인색해집니다. 스타벅스의 매출 감소는 매장 감소로 이어질 테고, 기업은 매장 감소로 존폐 위기까지 겪게 되죠. 이 같은 디스토피아적 프로세스는 지금 같은 기후변화 상황에서라면 얼마든지 실현될 수 있는 암울한 시나리오입니다. 스타벅스가 기후변화에 상당히 민감할 수밖에 없는 까닭이 여기에 있습니다.

기후변화가 가져올 스타벅스의 위기는 본질적으로 커피 벨트의 위기입니다. 혹자는 이렇게 반문합니다. 커피 벨트가 남·북위 25° 내외라면, 지구 평균기온이 상승하면 그 범위가 더 넓어지고, 그래서 커피 재배 가능 지역도 넓어지는 게 아니냐고요. 언뜻 괜찮아 보이는 주장이지만, 이는 지리적으로 자세히 뜯어 보면 상당히 위험한 발상입니다. 왜 그럴까요?

커피 벨트 내에서 커피나무가 집중적으로 재배되는 지역은 대개 열대의 저지대와 고지대로 나뉩니다. 두 곳에서 자라는 커피나무는 각각 코페아 카네포라(Coffea canephora, 로부스타)와 코페아 아라비카(Coffea arabica)로 크게 구분되죠. 이 가운데 주로 스타벅스를 위시한 대부분 커피 기업이 원하는 품종은 아라비카입니다. 아라비카가 열대의 해발 800m 이상의 고지대에서 자라는 까닭은, 전적으로 기온 때문입니다. 아라비카는 평균기온 18~21℃ 사이에서 최적의 생육 상태를 보이는데, 최고 30℃의 기온을 넘기면 병충해에 극도로 민감해지죠. 현재 세계 커피 원두의 60~70%를 담당하고 있는 아라비카의 몰락은 곧 커피 산업의 몰락입니다. 여기서 앞서 제기한 주장의 문제점이 드러납니다.

지구온난화의 대표적인 사례 중 하나는 해수면 상승이다. 북극과 남극의 빙하가 녹으면서 지구 평균 해수면을 상승시키고 있다.

지구 평균기온 상승으로 커피 벨트의 범위가 넓어지는 것은 면의 확장 개념입니다. 공간을 지도처럼 면의 관점에서 보면, 커피 벨트가 위도를 따라 수평적으로 넓어지는 것은 분명하죠. 하지만 지구의 표면이 등질적이지 않다는 점을 간과하면 곤란합니다. 아라비카의 원산지가 에티오피아 고원으로 특정된 까닭은 열대이면서도 고지대여서 최고 기온이 30℃에 이르지 않는다는 지리적 조건에 부합한 결과라는 겁니다.

커피 벨트 내에서도 공간의 유불리가 발생한다는 것은, 새로이 커피 재배 가능 지역이 생기더라도 양질의 아라비카를 구하기 힘들 가능성이 높다는 사실을 의미합니다. 힘들게 비슷한 재배 적지를 찾아

기존 식생을 밀어내고 커피나무를 심는다 해도 원래 재배지와 동일한 수확량을 기대할 수 없다는 거죠. 특히나 위도 25℃ 이상의 고위도 지역은 서서히 온대기후대로 접어드는 공간이라, 최한월 평균기온이 영하로 내려가기도 하고, 강수량이 급격히 줄어드는 건조 기후가 나타나기도 합니다. 커피나무는 기후변화에 매우 민감한 식물입니다. 이러한 기온과 강수의 복합적인 함수 관계로 인해 커피 벨트의 면적이 넓어진다 하더라도 이것이 생산량의 증가로 이어지기는 힘듭니다.

갯벌을 매립한 도시에서 기후변화 회의가 열리다

한반도의 서해안 갯벌은 세계 5대 갯벌로 불립니다. 규모도 규모거니와 단위 면적당 생물 다양성이 매우 높은 것이 특징이죠. 김종성 서울대 교수 연구팀에 따르면 우리나라 갯벌은 연간 약 26만 톤의 이산화탄소를 흡수한다고 해요. 이는 연간 승용차 11만 대가 배출하는 이산화탄소의 양과 맞먹는 수준이에요. 이미 저장하고 있는 이산화탄소의 양도 약 1,300만 톤에 이른다고 하니, 갯벌이 포집하고 있는 이산화탄소 양은 막대한 수준이죠. 이른바 '블루 카본(blue carbon)' 기능이 탁월하다는 겁니다.

블루 카본은 세계의 연안 습지인 갯벌, 맹그로브숲, 염생 습지, 해조류 등이 지닌 탄소를 뜻합니다. 해양 대륙붕 지역의 수심 200m 이내의 얕은 바다에서 플랑크톤이 흡수하는 탄소의 양, 해양 생물들이 먹이사슬을 통해 흡수하는 탄소의 양, 남극의 크릴새우 등이 거대한 무리 이동을 하면서 흡수하는 탄소의 양은 대기 중 이산화탄소를 줄이는 데 분명한 효용이 있음이 밝혀졌죠.

기후변화에 적극적으로 대응하라는 강력한 메시지 1.5℃를 최종 확정한 송도국제도시에서의 기후변화 회의는 그래서 묘한 기분을 선사합니다. 송도국제도시와 기후변화 대응 회의는 지리적으로 보자면 역함수의 관계입니다. 기후변화 대응에 큰 효용이 있는 갯벌을 매립한 첨단 도시에서 기후변화의 강력 대응을 촉구한 격이라서 그렇습니다. '방귀 뀐 놈이 성을 낸다'는 속담처럼, 고성능의 '탄소 먹는 하마'인 갯벌을 매립한 거대한 공간에 만들어진 인공 도시는 갯벌의 보존을 주장합니다. 송도국제도시에 자리한 스타벅스 송도컨벤시아대로DT점 역시 이러한 역함수의 논리에서 자유로울 수는 없을 것 같습니다.

스타벅스와
함께하는
세계지리
#상하이

중국 최대의 경제 도시, 상하이

중국 최대의 도시는 어디일까요? 인구나 면적을 따지면 단연 충칭[重慶]이 1위입니다. 하지만 경제적인 면까지 살펴보면 상황은 달라집니다. 인구·면적이 1위인 충칭도 아닌, 수도인 베이징[北京]도 아닌, 바로 상하이가 중국 최대의 경제 도시입니다.

상하이는 면적(6,341km²)이 우리나라의 15분의 1 정도인데, 놀랍게도 인구(약 2,489만 명)는 우리나라의 절반 가까이 됩니다. 물리적으로 한정된 공간에 많은 인구가 모여 살다 보니 좀 복잡하기도 하지만, 역동적이고 활기가 넘치는 면도 있죠. 현재 중국의 경제 수도로 자리매김한 상하이는 글로벌 도시이자 세계적인 무역항으로 확고한 위치를 다지고 있습니다.

'세계의 건축 박물관', 와이탄

상하이는 크게 푸시[浦西] 지역과 푸둥[浦東] 지역으로 나누어져요. 황푸강을 사이에 두고, 서쪽이 푸시 지역, 동쪽이 푸둥 지역인데, 말하자면 푸시 지역은 구시가지이고 푸둥 지역은 신시가지라 할 수 있죠. 여기서 소개할 스타벅스는 모두 구시가지인 푸시 지역에 있습니다.

푸시 지역은 상하이의 문화, 거주, 상업의 중심지로, 상하이의 초기 성장을 주도했던 곳이에요. 하지만 푸시 지역은 그만큼 아픈 역사를 지니고 있습니다. 아편전쟁(제1차 중영전쟁)에서 영국에 패한 청나라는 1842년 난징조약을 맺게 됩니다. 그 결과 상하이가 강제 개항을 하고, 푸시 지역의 와이탄[外灘]이 중국 근대 역사상

현재 상하이는 글로벌 도시이자 세계적인 무역항으로 확고한 위치를 다지고 있다. 더 나아가 중국은 양쯔강이 지나는 상하이와 장쑤성, 안후이성, 저장성을 하나의 지역 경제권으로 통합해 대대적으로 개발할 계획이다.

최초의 외국인 거주 지역(조계지)이 되었죠. 그러자 1,500m 정도 되는 강변 산책로인 와이탄에는 각 나라 사람들이 모이면서 독특한 유럽식 건물이 즐비하게 되었어요. 따라서 '세계의 건축 박물관'이라는 별명이 붙었죠.

그 뒤로 상하이에 조계지는 점점 늘어났고, 그 안에서 외국 권력과 자본은 마음껏 자신들의 공간을 꾸몄습니다. 개항 전까지 작은 어촌에 불과했던 상하이는 든든한 상업 자본과 빠른 인구 유입으로 가공할 속도로 몸집을 불려 나갔습니다.

푸시 지역의 와이탄. 와이탄은 중국 근대 역사상 최초의 외국인 거주 지역(조계지)으로, 독특한 유럽식 건물이 많아 관광객들의 인기를 끌고 있다.

상하이의 구시가지, 푸시 지역에 위치한 스타벅스

푸시 지역에서 가장 핫하고 트렌디한 지역이라면 와이탄과 더불어 신티엔디[新天地]를 꼽을 수 있습니다. 서양의 건축 양식과 중국 전통의 건축 양식이 맞물리면서 이색적인 경관을 연출하는 독특한 곳이죠. 역사성을 간직한 고풍스러운 건물과 세련된 부티크의 결합, 독자적인 커피 브랜드로 시선을 잡아끄는 커피점까지, 신티엔디는 한국의 인사동을 떠오르게 합니다. 그리고 그 중심에 스타벅스 신티엔디점이 있습니다.

신티엔디의 랜드마크는 단연 스타벅스 신티엔디점입니다. 스타벅스는 20세기 초의 벽돌 건물을 인수해 신티엔디와 어울리는

신티엔티의 랜드마크인 스타벅스 신티엔티점. 스타벅스는 20세기 초의 벽돌 건물을 인수해 신티엔디의 경관과 어울리는 스타벅스를 선보였다.

난징시루에 있는 스타벅스 리저브 로스터리. 세계에서 세 번째 큰 매장으로, 축구장 절반 정도나 될 만큼 어마어마한 면적을 자랑한다.

경관을 자랑하는 스타벅스를 선보였죠. 스타벅스의 현지화 전략이 상하이 신티엔디에서도 큰 위력을 발휘한 셈입니다. 스타벅스라는 브랜드는 이미 세계인에게 너무도 친숙하기 때문에 공간적 힘이 남다릅니다. 세계적으로 강력한 브랜드 가치를 구축한 기업의 영향력이 어느 정도인지 스타벅스 신티엔디점을 통해서도 엿볼 수 있죠. 한편 스타벅스 신티엔디점에서 멀지 않은 곳에 바로 우리 국민의 필수 방문 코스인 '대한민국 임시정부 청사'가 있습니다. 대한민국 국민이라면 상하이를 방문해 이곳을 그냥 지나쳐서는 안 되겠죠.

푸시 지역에는 남다른 스타벅스가 한 곳 더 있는데, 바로 난징시루[南京西路]에 있는 스타벅스 리저브 로스터리입니다. 2016년 처음 생길 때만 해도 세계에서 가장 큰 스타벅스였던 이곳은 그 크기가 축구장 절반 정도나 될 만큼 어마어마합니다. 지금은 미국 시카고와 일본 도쿄에 있는 스타벅스에 밀려 세계에서 세 번째로 큰 스타벅스가 되었지만, 그 웅장함은 여전히 뒤지지 않죠.

스타벅스 리저브 로스터리에 들어가면 그 규모에 놀라게 됩니다. 거대한 로스팅 설비, 곳곳에 놓여 있는 원두 포대들, 천장을 지나가는 커피 운송 배관, 수많은 굿즈 등 지금까지 보지 못했던 새로운 세계를 경험하게 되죠. 이처럼 커피를 직접 로스팅하는 매장은 전 세계에 6곳밖에 없다고 합니다. 상하이를 비롯해, 시애틀, 뉴욕, 시카고, 밀라노, 도쿄가 그곳이죠.

양쯔강 삼각주에 세워진 도시, 상하이

1990년대 들어 상하이는 또 한번 큰 변화를 겪게 됩니다. 1990년대 이전 상하이는 세계적인 무역항인데도, 독특하게 그 도심은 바다에서 한발 물러서 있습니다. 그 대신 내륙을 그물망처럼 연결하는 수로(creek)가 발달해 있었죠. 황푸강을 기점으로 대륙 쪽인 푸시 지역이 도심으로 개발된 반면, 바다와 맞닿아 있는 푸둥 지역은 논밭만 즐비한 낙후된 농촌으로 남아 있었습니다. 그러자

1990년대 전만 해도 낙후된 농촌이었던 푸둥 지역은 이제 초고층 마천루가 빼곡하게 들어찬 신시가지로 개발되었다. 사진에서는 황푸강을 사이에 두고 위쪽이 푸둥 지역이고, 아래쪽이 푸시 지역의 와이탄이다.

중국 정부는 외자 유치를 위해 푸둥 지역을 신시가지로 개발하기로 합니다. 그 결과는 놀라웠어요. 개발이 시작되자 세계의 수많은 기업이 몰려들었고, 동방명주 탑, 진마오 타워, 상하이 세계금융센터, 상하이 타워 등 초고층 마천루가 빼곡하게 들어섰죠.

현재 중국은 상하이 푸둥 지역 개발에서 더 나아가, 상하이를 포함하는 양쯔강 삼각주를 대대적으로 개발할 계획이라고 합니다. 양쯔강이 지나가는 장쑤성[江蘇省], 안후이성[安徽省], 저장성[浙江省], 상하이를 하나의 지역 경제권으로 통합하려는 거죠. 삼각주는 하천이 바다와 만나는 하구 지역에 물질의 퇴적으로 만들어지는 넓은 평원 지역을 뜻합니다. 특히 상하이를 포함하는 양쯔강의 너른 삼각주는 대규모 인구 밀집 지역이에요. 이곳에 엄청난 크기의 삼각주가 발달할 수 있었던 배경은 물질을 공급하는 공급처가 남다르기 때문입니다. 세계적인 대하천인 양쯔강이 막대한 양의 물질이 쏟아 놓고 있죠. 이로써 몸집을 불린 양쯔강 삼각주에는 인구 약 8,000만 명이 밀집해 있고, 중국 국내 총생산(GDP)의 약 20%를 감당하고 있다고 합니다.

세계적인 삼각주는 그 존재만으로 많은 인구와 물자를 모으는 힘을 발휘합니다. 나일강 하구의 이집트 삼각주가 그렇고, 메콩강 하구의 메콩 삼각주가 그렇죠. 부산에서 새로운 성장 엔진으로 자본력을 끌어모으고 있는 부산의 김해 삼각주 역시 규모에서 차이가 있을 뿐, 삼각주의 지리적 조건과 이점은 매한가지입니다.

결국 상하이의 공간적 밑그림은 거대한 양쯔강 삼각주가 그렸다고 할 수 있습니다. 거미줄처럼 흐르는 작은 하천을 통해 해상 교통이 발달할 수 있었던 까닭, 서구 열강이 침략의 교두보로서 상하이를 낙점한 까닭, 1919년 상하이에 대한민국의 임시정부가 세워진 까닭은 모두 교역과 국제 활동을 펼치기에 유리한 지리적 조건 덕분이라 할 수 있습니다.

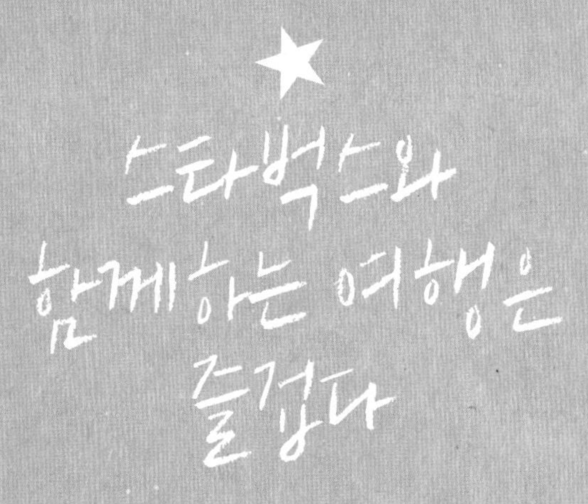

3장

암석이 만든 자리

굽이굽이 고갯길, 시간 여행자가 되어 걷다

문경새재점

〈진도아리랑〉에도 등장하는 문경새재는 한국 사람이라면 모두 아는 지명입니다. 학창 시절 음악 시간에 〈진도아리랑〉 한번 안 불러 본 사람이 없을 정도니까요. 현재 문경새재에는 도립공원이 조성되어 있는데, 볼거리가 많아 관광객들이 끊이지 않고 있습니다. 드라마 세트장, 미로 공원 등 하루에 돌아보기가 벅찰 정도죠. 바로 이곳에 지금 찾아갈 스타벅스 문경새재점이 있습니다. 문경 여행자라면 뜻하지 않은 장소에서 마주친 스타벅스 매장에 흠칫 놀랄지도 모르겠어요. 문경 시내에도 없는 스타벅스가 갑자기 이런 산골짜기에서 나타나니까요. 하지만 단순히 관광지라고 해서 스타벅스가 매장을 내지는 않았을 터, 몇 가지 지리적 사실에 공간의 스토리텔링을 더하면 이곳 매장은 사뭇 다른 느낌으로 다가옵니다. 지리적으로는 충분히 납득할 만한 수요가 창출되는 공간이라는 거죠.

한양과 동래를 연결하는 길,
영남대로 이야기

"문경새재는 웬 고갯가 / 구부야 구부구부가 눈물이 난다."

문경새재 하면 가장 먼저 떠오르는 건 〈진도아리랑〉의 한 구절입니다. 지금처럼 철도나 고속도로가 사방으로 뚫리기 전, 지방에 사는 사람들이 한양에 가려면 오로지 두 발로 걸어가야 했습니다. 가까운 경기도야 하루 이틀이면 된다 치지만, 저 멀리 부산에서 오는 사람들은 15일 가까이 내리 걸어야 한양에 도착할 수 있었죠. 그들이 〈진도아리랑〉 장단에 맞춰 발걸음을 재촉하며 끝 모를 고갯길을 넘어가는 장면이 눈에 선하게 다가오는 듯합니다.

조선 시대, 지방과 한양을 연결하는 도로에는 크게 9개가 있었습니다. 그중 문경새재를 거쳐 가는 영남대로(嶺南大路)는 한양과 동래(지금의 부산)를 연결하는 도로로, 그 길이가 약 380km나 됐습니다. 말이

'대로'지 우리 눈엔 좁은 오솔길 같아 보이지만, 당시엔 주된 교통수단인 우마차가 통과할 정도로 좋은 길이었죠.

영남대로는 많은 물자와 사람이 오가는 지금의 고속도로와 같은 역할을 했습니다. 공무를 수행하는 파발꾼이나 과거 길에 오른 선비, 유람을 떠나는 민초들은 너나없이 영남대로를 이용해 목적지로 향했죠. 그도 그럴 것이 영남대로는 한반도 중·남부 지방의 허리를 정확히 양분하는 모양새라, 대로를 거쳐 주변 지역으로 향하는 일이 수월했습니다.

한양과 영남을 연결하는 큰 도로에는 영남대로 외에도 두 개가 더 있었습니다. 추풍령(秋風嶺)을 넘는 영남우로(嶺南右路), 죽령(竹嶺)을 넘는 영남좌로(嶺南左路)가 그것이죠. 그런데 당시 과거를 보러 한양으로 향하던 선비들은 문경새재를 거쳐 가는 영남대로를 가장 선호했다고 합니다. 추풍령은 가을 낙엽처럼 과거에 낙방할까 봐, 죽령은 대나무껍질처럼 미끄러질까 봐 꺼렸다고 하죠. 이와 달리 문경(聞慶)은 말 그대로 '경사를 듣는다'는 뜻이니 누구라도 문경새재 쪽으로 발걸음을 향하지 않았을까요?

하지만 그 길은 만만치가 않아서, 조령(鳥嶺)이라 불리기도 했습니다. 조령을 우리말로 하면 '새재'인데, 여기에는 '하늘을 나는 새도 넘기 힘든 고개'라는 뜻이 담겨 있습니다.

사실 문경새재는 영남대로의 긴 루트 중에서 소백산맥을 넘어가는, 해발고도가 642m나 되는 가장 높은 지점이 있는 고갯길입니다.

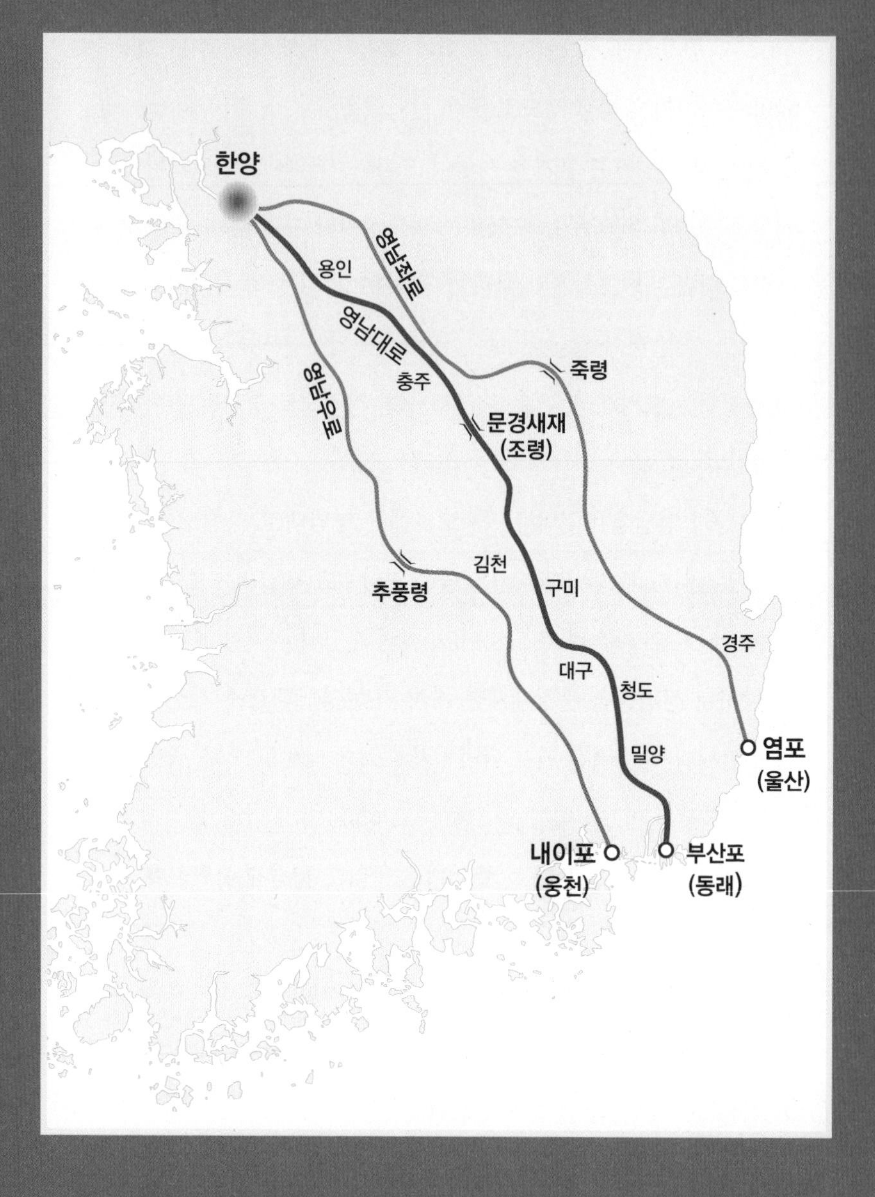

한양과 영남을 연결하는 큰 도로에는 영남대로, 영남우로, 영남좌로가 있었다. 영남대로에 속하는 문경새재가 높고 험준해도 인기가 많았던 이유는, 한양과 동래를 잇는 최단 거리였기 때문이다. (지도는 최영준의 『영남대로: 한국의 옛길』 참고)

조선 시대, 과거를 보러 한양으로 향하던 선비들은 문경새재를 거쳐 가는 영남대로를 가장 선호했다고 한다. 사진은 문경새재의 제1관문인 주흘관.

문경새재가 높고 험준해도 인기가 많았던 이유는, 한양과 동래를 잇는 최단 거리였기 때문이에요. 성인 남자의 걸음으로 족히 보름 가까이 걸리는 동래에서 한양까지의 도보 길은 강행군이나 마찬가지여서, 조금이라도 빨리 갈 수 있는 길이 유리했죠. 문경새재의 지리적 이점은 추풍령을 통과하는 영남우로, 죽령을 통과하는 영남좌로와 비교해 봐도 확연하게 드러납니다.

영남우로는 김천을 거쳐 추풍령을 통과하는 상대적으로 산지를 비껴가는 길로 한양까지 16일이 걸렸고, 영남좌로는 경주를 거쳐 죽령을 지나는 꽤 험난한 산지를 걸어가는 길로 15일이 걸렸습니다. 제일 낮은 추풍령을 통과하자니 한참을 돌아야 했고, 죽령을 지나자니 산길이 무척 험했죠. 모로 가도 두 루트의 중간자적 성격을 지닌 데다 14일이면 갈 수 있는 문경새재를 지나는 길이 그나마 수월했던 겁니다.

굽이굽이 문경새재를 걸으며, 소백산맥을 생각하다

햇볕이 따사로운 어느 날, 문경새재도립공원을 찾았습니다. 이곳에는 드라마 세트장이 있는데, 많은 사극 드라마가 이 세트장에서 촬영을 진행했죠. 지리적인 관점에서 영남대로 옛길을 확인하고 싶은 마음이 컸지만, 얼마 전 드라마 〈킹덤〉[12]을 재미있게 본 터라 그 촬영 현장을 보고 싶다는 마음도 있었어요. 드라마에서도 문경은 한양으로 가는 중요한 요충지로 언급됩니다. 그래서 경상 지역의 좀비들이 한양으로 퍼지는 걸 막기 위해 문경새재 관문을 봉쇄하죠. 세트장은 조용하고 평화로웠지만, 드라마의 장면들이 문득문득 떠올라 보는 내내 등골이 서늘했습니다. 푸르른 숲 속, 시냇가에 작은 나무다리가

12 김성훈 연출, 김은희 극본의 드라마로 넷플릭스에서 제작했다. 조선 시대를 배경으로 하는 좀비 드라마이며, 2019년에 시즌 1, 2020년에 시즌 2, 2021년에 아신전이 방송되었다.

문경새재도립공원에 있는 드라마 세트장. 〈킹덤〉, 〈붉은 단심〉 등 많은 사극 드라마가 이 세트장에서 촬영을 진행했다.

놓여 있는 그림 같은 풍경도 좀비 떼가 미친 듯이 뛰어나오는 장면과 겹쳐져 허투루 보이지 않았죠.

드라마 세트장을 둘러 본 뒤 본격적인 트레킹에 나섰습니다. 대부분의 관광객들이 문경새재 제1관문인 주흘관을 지나 드라마 세트장에서 걸음을 멈춥니다. 제2관문인 조곡관과 제3관문인 조령관까지 돌아보고 오려면, 4~5시간은 족히 걸리기 때문이죠.

제1관문에서 제3관문까지는 6.5km 정도로 생각보다 그 거리가 꽤 됩니다. 울창한 숲이 우거진 산길이지만, 그 길은 흙으로 잘 다져져 있어 걷기가 수월했습니다. 몇백 년 전 이 길을 조선 시대 사람들

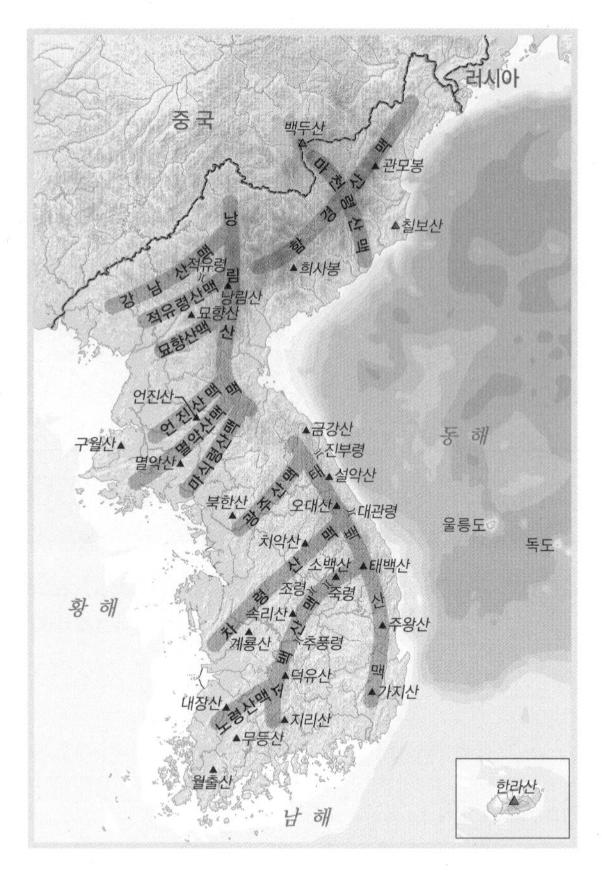

우리나라 주요 산맥

이 걸어갔다고 생각하니 문득 이상한 기분이 들었습니다. 시간 여행자가 된 것 같았죠.

굽이굽이 산길을 걸으며 문경새재를 품고 있는 소백산맥에 대해 생각했습니다. 주흘관과 조곡관은 주흘산, 조령관은 조령산에 있는데, 두 산 모두 소백산맥의 중심을 이루는 산들입니다. 소백(小白)이라는 이름은 태백(太白)보다 작다는 뜻에서 붙여졌지만, 한반도 전체를 놓고 보면 결코 작은 산지가 아니에요. 오히려 더 높거나 험준한 산이 많아서, 남한에서 한라산(높이 1,947m) 다음으로 높은 지리산(높이 1,915m)도 소백산맥 끝자락에 있죠.

소백산맥은 백두산에서부터 지리산으로 이어지는 백두대간(白頭大幹)에 속하며, 영남과 호남을 구분할 정도로 연속성이 뚜렷합니다. 태백산맥에서 분기한 소백산맥의 산줄기는 활처럼 휘어 있는데, 태백에서 문경에 이르는 구간은 북동-남서의 방향성을 보이고, 문경에서 지리산에 이르는 구간은 남-북 방향으로 뻗어 있죠. 이는 동해안을 따라 남-북으로 길게 뻗은 태백산맥과는 사뭇 다릅니다. 그런데 소백산맥의 산줄기 방향에 왜 관심을 가져야 하냐고요? 한의사가 진맥을 통해 환자의 몸을 가늠하듯, 산줄기의 방향은 땅속 힘의 양상을 예측하도록 돕기 때문입니다.

소백산맥이 두 방향으로 휜 이유는 크게 두 가지의 힘이 작용했기 때문입니다. 하나는 중생대의 '대보 조산 운동', 다른 하나는 신생대의 '경동성 요곡 운동'입니다. 소백산맥 전체에서 북동-남서 방향의 구간은 대보 조산 운동, 남-북 방향의 구간은 경동성 요곡 운동이 관여했죠. 이를 제대로 이해하려면, 우선 중생대 이전의 한반도 상황을 알아야 합니다.

중생대,
한반도에서는 어떤 일이 일어났을까?

한반도는 유라시아 대륙의 동남부에 위치합니다. 지구 표면은 크고 작은 여러 개의 판으로 이루어져 있는데, 대체로 대륙의 끄트머리는 판의 경계와 가깝습니다. 그래서 한반도는 판의 경계와 가까운 일본처럼 땅의 움직임에 기민하게 반응하지 않고, 판의 경계에서 먼 러시아의 시베리아처럼 땅의 움직임에 극히 둔하지도 않죠. 중생대 대보 조산 운동이 일어났던 시기에 한반도에 미친 강력한 힘은 태평양판이 북서 방향으로 미는 힘이었어요. 이 힘은 한반도 곳곳을 북동-남서 방향으로 갈라지게 만들었죠. 이렇게 만들어진 땅 자리를 구조선(fracture)이라고 부릅니다.

구조선은 중생대에 접어들어 의미 있는 사건을 만듭니다. 바로 마그마의 관입(貫入)입니다. 중생대는 한반도 역사상 지각 운동이 매우 활발했던 시기인데, 그때 땅속에서 용융된 마그마가 땅의 갈라진 틈, 다시 말해 구조선을 따라 대량으로 관입했습니다. 그러니까 마그마가 관입한 자리는 태평양판의 영향으로 만들어진 북동-남서 방향의 구조선과 그 방향과 비슷합니다. 소백산맥의 북동-남서 방향 산줄기는 큰 시야에서 볼 때, 마그마의 관입과 무관하지 않다는 거죠.

이와 달리 남-북 방향의 산줄기는 동해 지각 확장과 관련이 깊습니다. 동해의 형성은 신생대 지각 운동이 관여합니다. 약 2,500만 년

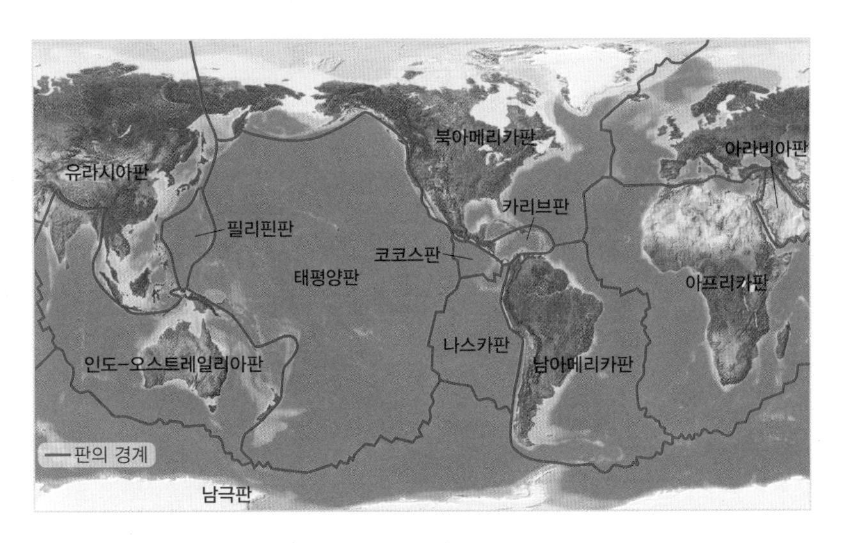

판의 분포. 지구 표면은 크고 작은 여러 개의 판으로 이루어져 있다. 우리나라와 일본은 유라시아판에 속한다.

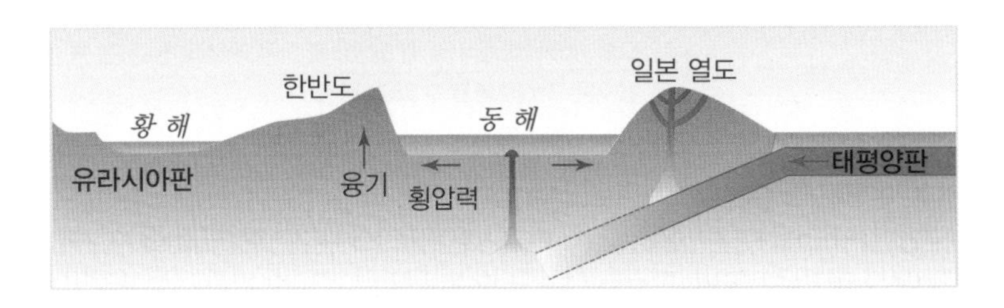

동해 지각 확장과 횡압력 작용. 경동성 요곡 운동의 힘이 한반도의 동해안을 들어 올려 산맥 형성에 관여했음을 짐작할 수 있다.

전인 신생대 제3기 마이오세 때, 한반도와 가까이 붙어 있던 일본 열도가 떨어져 나가는 동해 지각 확장이 일어났습니다. 동해가 열리는 지구조 운동이 일어나면, 반드시 그 힘이 전달되는 곳이 영향을 받습니다. 이를 상상하려면 대한해협에서 사할린 북단까지 직선을 그어

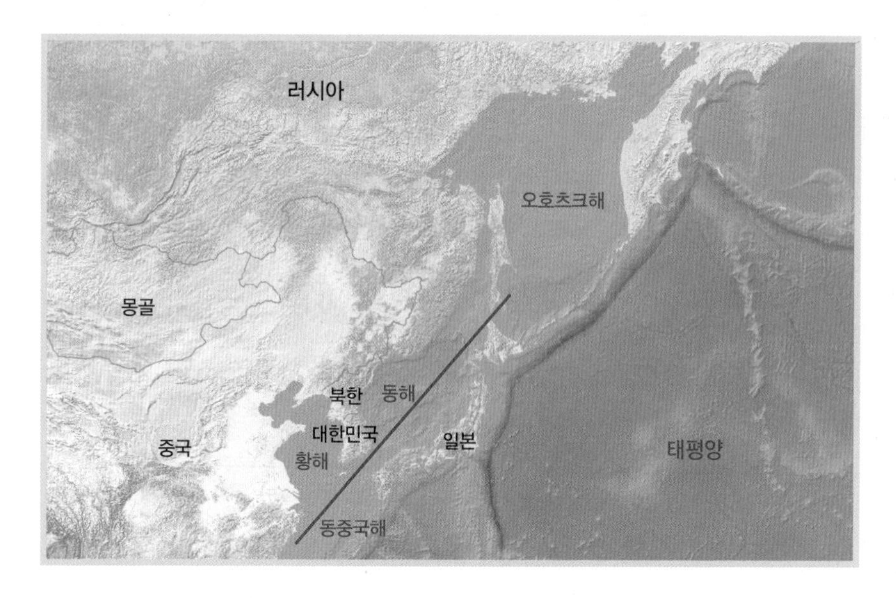

대한해협에서 러시아 사할린 북단까지 직선을 긋고 선을 기준으로 동해의 윤곽을 살펴보면, 한반도의 동해안과 일본 열도의 서해안이 활처럼 휜 모양으로 마치 데칼코마니처럼 짝을 이루고 있음을 알 수 있다.

보면 됩니다. 선을 기준으로 동해의 윤곽을 살펴보면, 한반도의 동해안과 일본 열도의 서해안이 활처럼 휜 모양으로 마치 데칼코마니처럼 짝을 이루고 있음을 알 수 있죠.

동해 지각이 활처럼 열리는 과정에서, 한반도에서는 경동성 요곡 운동이 발생했습니다. '경동성 요곡'을 말 그대로 풀이하면 '한쪽으로 기울어진 힘을 받아 위나 아래쪽으로 휘어져 변형되는 현상'을 뜻해요. 따라서 동해 중앙부에서 한반도의 방향으로 힘을 가하는 모양을 연상하면, 경동성 요곡 운동의 힘이 한반도의 동해안을 들어 올려 산맥 형성에 관여했음을 짐작할 수 있죠. 이렇게 만들어진 대표적인 산맥이 태백산맥, 함경산맥, 소백산맥 남-북 방향의 산줄기입니다. 이들 산맥은 모두 백두대간의 일부로 뚜렷한 산줄기 배열을 보입니다. 소백 산지가 품은 문경새재가 백두대간이라는 남다른 브랜드를 가질 수 있는 까닭이 여기에 있어요.

문경새재,
소백산맥을 가로지르다

우리가 살아가는 한반도는 나이가 많습니다. 대개 땅의 나이는 판의 경계에서 멀수록 많은 것이 일반적입니다. 한반도는 유라시아판과 태평양판의 경계부와 적절한 거리를 유지하고 있어서 판의 경계와 가까운 일본보다 지진과 화산이 적고 상대적으로 안정한 땅입니다. 나이가 오래된 만큼 한반도는 땅이 무르지 않아서 일정 수준의 힘을 받으면 부드럽게 휘기보다 간결하게 끊어지는 경향이 강합니다. 이러한 속성은 문경새재를 만드는 데 큰 역할을 했습니다.

소백산맥 품에 쏙 들어간 문경새재는 넓게 보면 북북서-남남동 방향의 방향성을 갖습니다. 소백산맥의 전체적인 방향은 북동-남서지만, 문경새재 고갯길의 방향은 그와 수직에 가까운 북북서-남남동인 것이 흥미롭죠. 그 이유는 앞서 이야기했듯, 동해 지각이 확장하는

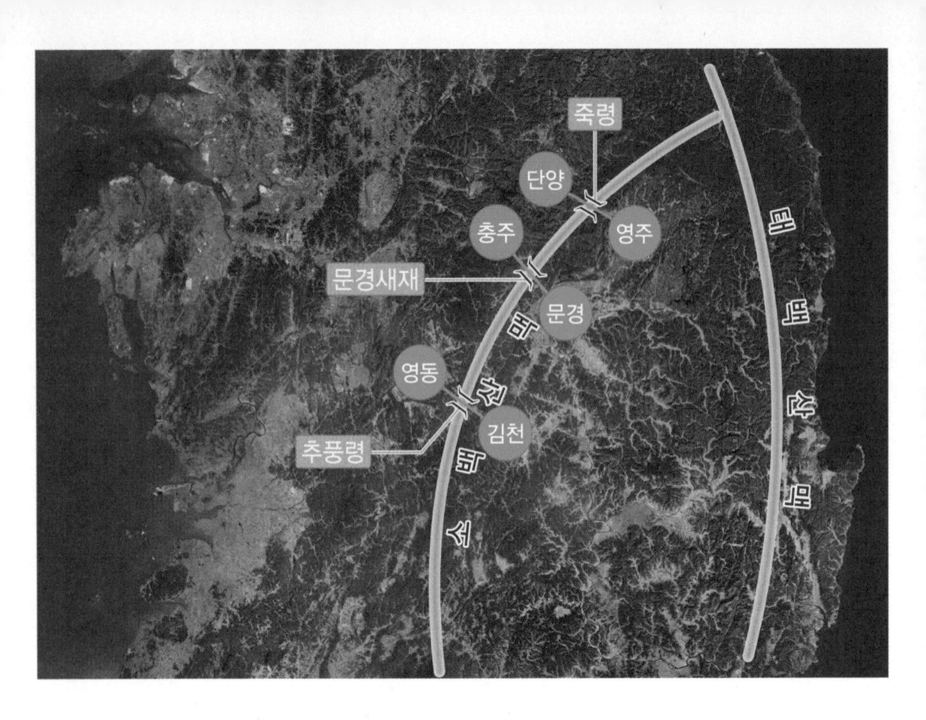

소백산맥의 위성사진을 관찰하면, 북동-남서 방향으로 흐르는 산줄기를 북서-남동 방향으로 잘라내는 구조선이 확연하게 눈에 들어온다.

과정에서 힘을 받았기 때문입니다.

북동-남서 방향을 띤 소백산맥은 중생대부터 활동해 온 태평양판이 북서 방향으로 미는 힘으로 만들어졌습니다. 반면에 문경새재의 북북서-남남동 방향 골짜기는 신생대 동해 지각 확장의 영향을 받았습니다. 손등에 손가락을 놓고 살갗을 한 방향으로 밀면, 내가 힘을 주는 방향의 수직으로 주름이 잡힙니다. 바로 이와 같은 원리로 북북동-남남서 방향의 골짜기가 만들어졌죠. 큰 시야에서 이 골짜기의 방향이 문경새재 옛길의 방향과 일치한다는 사실! 이 점이 바로 포인트입니다.

스마트 지도를 열어 큰 시야에서 소백산맥의 위성사진을 관찰하면, 북동-남서 방향으로 뻗은 산지를 다양한 방향으로 잘라 내는 구조선들이 확연하게 눈에 들어옵니다. 큰 산지를 잘라 낸 낮은 골짜기인지라, 길이 나 있거나 군데군데 하천이 발달해 통과하는 모습도 관찰할 수 있죠.

길은 사람이 다님으로써 만들어지지만, 사람은 자연이 내준 구조선을 따라 길을 내는 법입니다. 영남대로를 이용해 문경새재를 오갔던 수많은 사람은 알았을까요? 그 길이 소백산맥의 형성 과정에서 만들어진 북북서-남남동 방향의 구조선임을.

시대에 따라 명암을 달리한 고개들

소백산맥을 가르는 여러 방향의 구조선은 영남우로 추풍령과 영남좌로 죽령의 탄생에도 깊이 관여했습니다. 문경새재와 추풍령(221m) 그리고 죽령(696m)의 고갯길은 모두 다양한 방향의 구조선이 낸 길이죠. 문경새재는 경상북도 문경과 충청북도 충주를 연결하는 고개이고, 추풍령은 경상북도 김천과 충청북도 영동, 죽령은 경상북도 영주와 충청북도 단양을 잇는 고개입니다. 이들은 모두 소백산맥의 품에 안겨 산지 너머의 고을을 연결하는 네트워크의 본산입니다. 흥미로운 것은 이들 고개가 시대에 따라 명암을 달리해 왔다는 점입니다.

추풍령은 높이가 낮아 넘기가 수월한데도 19세기 정조 대에 들어서야 다니는 사람이 늘어날 만큼 존재감이 적었습니다. 추풍령의 이용 빈도가 낮았던 까닭은 무엇일까요? 앞서 이야기한 것처럼 과거에 낙방할까 두려운 선비들이 기피했던 탓도 있지만, 사실은 최단 거리 육로와 수운 교통이 중심이던 시대적 상황에 부합하지 않는 측면이 컸습니다. 하지만 현대에 들어 경부고속도로의 개통은 추풍령의 위상에 날개를 달아 주었어요. 아무리 최단 거리라 해도 차가 다니기에 산길은 무척 부담스럽습니다. 이제 우리에겐 속도를 낼 수 있는 차가 있으니, 돌아간다 해도 편한 길로 빨리 달리면 그만 아니겠어요?

추풍령이 경부고속도로의 개통(1970)으로 주목을 받았다면, 문경새재와 죽령은 각각 중부내륙고속도로(2001)와 중앙고속도로(1994)의 개통으로 존재를 알렸습니다. 굽이굽이 산길을 돌던 옛길은 터널과 좁은 골짜기를 따라 놓인 고속도로가 대체했지만, 고속도로 역시 구조선의 방향에서 자유롭지 못합니다. 제아무리 터널을 뚫는 기술이 발달했다 해도 천문학적인 공사비와 높은 사고 위험을 감당하기란 부담스럽기 때문이죠. 21세기가 첨단 과학 기술 시대라지만, 자연이 놓은 조물주의 길은 여전히 위력이 큽니다.

소백산맥 유일의 스타벅스, 문경새재점

트레킹을 마치고 도립공원을 나와 문경에 단 하나밖에 없는 스타벅스인 문경새재점으로 향했습니다. 기와지붕과 고풍스러운 느낌을 주는 멋진 건물로, 문경새재도립공원을 방문한 사람들은 대부분 들르는 명소이기도 하죠. 특이하게도 2층에는 한국식 좌식 테이블이 마련되어 있어요. 잠시 이곳에 앉아 커피 한잔을 마시며 창밖을 바라보았습니다. 유유히 흘러가는 구름, 낮고 푸르른 산, 울창한 나무들, 그리고 그 옛날 구조선이 내준 고마운 길. 오랜 역사를 품고 그 자리를 묵묵히 지키고 있는 자연의 경이로움에 한동안 마음이 벅찼습니다.

오랫동안 수많은 사람과 물자가 오가던 영남대로는 일제강점기를 맞아 철저히 외면당했습니다. 일제는 마을과 마을 간의 통합과 네트워크는 뒷전인 채 오직 효율적인 수탈을 위해 신작로와 철도를 개설했죠. 영남대로는 차츰 사람들의 기억에서 멀어져 갔고, 문경새재 역시 화석처럼 공간에 남았습니다.

최근 들어 많은 사람이 자연을 찾아 떠나면서, 영남대로의 꽃인 문경새재 고갯길이 새롭게 조명받고 있습니다. 영호남을 잇는 관문으로, 드라마 세트장이 있는 관광지로, 나아가 수많은 선조가 오갔던 옛길의 정취를 느껴 보려는 사람들로 북적이고 있죠. 그래서일까요? 소백산맥을 가르는 고개는 여럿이지만, 스타벅스는 오직 문경새재에

최근 들어 많은 사람이 자연을 찾아 떠나면서, 영남대로의 꽃인 문경새재 고갯길이 새롭게 조명받고 있다. 사진은 문경새재 산책길.

만 있습니다. 그만큼 많은 관광객이 찾는 전국적인 관광지가 되었다는 의미겠죠.

조선 시대 수많은 사람이 오갔던 옛길, 모든 것이 너무 쉽게 변해 가는 세상에서 고즈넉한 옛길은 여전히 그 모습을 그대로 간직하고 있습니다. 문경새재에 들러 그들이 걸었던 길은 따라 걸으며, 시간 여행자가 되어 보는 건 어떨까요?

변신의 귀재, 화강암이 만든 지형

대구팔공산점

우리는 매일 땅을 밟고 살아갑니다. 아스팔트든, 흙길이든, 아니면 콘크리트로 만든 길이든, 어쨌든 땅이라는 지구의 표면을 밟고 생활하고 있죠. 이 표면을 한 꺼풀 벗겨내면 그 밑에는 암석, 곧 기반암이 존재합니다. 한반도 기반암 중 30%를 차지하는 화강암은 분지에서 기암괴석까지, 변신에 변신을 거듭하는 암석으로 유명합니다. 도시 하나가 들어앉을 만큼 큰 분지나 골짜기를 이루기도 하고, 산 정상부에 노출되어 기암괴석의 멋진 풍경을 자랑하기도 하죠. 이번에는 화강암과 인연이 깊은 스타벅스를 찾아가 보려고 합니다. 먼저 화강암으로 이루어진 팔공산 자락에 있는 스타벅스 대구팔공산점을 둘러본 뒤, 분지와 구릉대에 위치한 특별한 스타벅스도 함께 살펴보겠습니다.

대구를 상징하는 산, 팔공산

예전부터 대구는 우리나라에서 가장 더운 곳으로 유명합니다. 여름이면 40℃ 가까이 치솟는 기온에 대구와 아프리카를 합친 '대프리카'라는 말까지 생길 정도죠. 대구가 이렇게 더운 이유는 많이들 알고 있다시피 분지이기 때문입니다. 북부와 남부가 높은 산으로 둘러싸인 들판에 널찍이 자리 잡은 도시가 대구거든요.

대구를 감싸고 있는 여러 산 가운데 가장 높은 산은 단연 팔공산입니다. 팔공산은 높이가 1,192.3m나 되는 높은 산으로, 화강암으로 이루어져 산세는 험하지만 웅장하고 수려한 장관을 품고 있죠. 또한 팔공산은 서울의 북한산, 대전의 계룡산처럼 대도시인 대구를 상징하는 산입니다. 간혹 대도시 주변에 이름값을 톡톡히 하는 명산이 존재하는 경우가 있는데, 삭막한 도시 생활에 지친 많은 사람에게 더할 나위 없는 휴식처가 되곤 합니다.

오늘은 팔공산을 찾아가 화강암에 대해 알아보고, 스타벅스 대구 팔공산점도 들러 볼 예정입니다. '산' 하면 다들 등산을 먼저 생각하지만, 팔공산은 등산객과 관광객이 모두 찾는 곳으로 유명합니다. 산세는 험하지만 드라이브 코스가 잘 닦여 있는 데다, 도립공원도 아름답게 조성되어 있기 때문입니다. 스타벅스 900호점인 대구팔공산점은 팔공산 자락에 있어요. 대구에서 팔공산도립공원으로 들어가는 길목에 있어서, 팔공산을 오가는 도시민들에게 남다른 휴식 공간으로 사랑받고 있죠.

서울에서 출발해 3시간 넘게 달려 팔공산에 도착했습니다. 고속도로를 타고 파도처럼 물결치는 낮은 산들을 지나, 길이가 3.7km나 되는 팔공산 터널을 통과하는 꽤 먼 길이었죠. 팔공산의 원래 이름은 공산(公山)으로, 후삼국 시대 후백제 견훤과 고려의 태조 왕건이 맞붙은 곳으로 잘 알려져 있습니다. 당시 견훤이 신라를 강하게 공격하자, 신라 경애왕은 고려 태조에게 구원을 청했습니다. 하지만 고려의 원군이 도착하기도 전에, 후백제는 경주를 함락하고 각종 보물을 약탈해 귀환길에 올랐죠. 이에 태조는 공산에 대기하고 있다가 귀환하는 후백제와 전투를 벌입니다. 이것이 바로 공산 전투(927)입니다. 그런데 이 전투에서 고려는 크게 패했고, 왕건은 간신히 목숨만 구해 도망했습니다. 이때 왕건을 대신해 목숨을 바친 신하가 8명 있었습니다. 전설에 따르면, 이 때문에 공산의 이름이 팔공산이 되었다고 하는

팔공산은 대구를 상징하는 산으로, 화강암으로 이루어져 산세는 험하지만
웅장하고 수려한 장관을 품고 있다.

군요.[13] 한편 팔공산에는 왕건의 도주로를 따라 '팔공산 왕건길'이라는 트래킹 코스도 조성되어 있습니다.

중생대 격렬한 지각변동, 우뚝 솟은 화강암 산지를 만들다

대구의 팔공산, 서울의 북한산, 대전의 계룡산, 이 세 산의 공통점은 무엇일까요? 바로 기반암이 모두 화강암이라는 것입니다. 전국에서 제법 유명한 화강암 산을 열거하면, 설악산(雪嶽山)이 첫손에 꼽힙니다. 관악산(冠岳山), 북악산(北岳山) 등 이름에 '악' 자가 들어간 산도 기반암이 화강암인 경우가 많죠. 이런 산들은 대체로 산세가 험하고 경관이 수려하기로 유명합니다. 그 밖에 한민족의 명산이자 남북 교류의 상징인 금강산 역시 화강암 산이에요. 이렇게 보면, 화강암 산지의 키워드는 '멋'이라고 할 수 있을 듯합니다.

그러면 이 산들은 어떤 과정을 거쳐 만들어졌기에 우리에게 이토록 아름다운 경관을 선사하는 걸까요? 한반도는 중생대 시기 대보

13 팔공산이라는 이름과 관련해서는 여러 가지 설이 존재한다. 가장 유력한 설로는 중국 지명 차용설이 있다. 383년, 중국의 전진과 동진 사이에 비수 전투가 벌어졌는데, 격전지 중 팔공산이라는 지명이 존재한다. 공산 전투를 비수 전투에 빗댄 조선 시대 선비들이 그 격전지인 팔공산의 지명을 차용해, 공산을 팔공산이라 부르기 시작했다.

조산 운동이라는 격렬한 지각변동을 겪었습니다. 격렬한 지각변동은 지구 내부의 강력한 에너지가 지표에 도달하는 과정에서 나타나는데, 그 결과 지질구조선이 만들어졌죠. 지질구조선은 땅의 겉과 속에 나타나는, 일정한 방향성을 가진 갈라진 틈입니다. 갈라진 땅으로는 땅속 뜨거운 열로 용융된 상태인 마그마가 관입합니다. 마그마는 지구의 표면을 이루는 지각의 일부가 용융되어 만들어집니다. 지구 내부의 에너지 작용이 활발할수록 마그마의 관입이 활발하게 일어나죠. 그 뒤 관입한 마그마가 지질시대를 거치는 동안 굳으면 암석이 되는데, 그게 바로 화강암입니다.

화강암은 관입암의 한 종류입니다. 만약 마그마의 기운이 넘쳐 관입에 머물지 않고 지표를 뚫고 분출하면 분출암이 만들어지죠. 분출한 마그마는 화산의 폭발을 뜻하고, 이들이 식은 암석이 화산암입니다. 귀에 익은 현무암은 화산암의 대표적인 암석 중 하나죠. 그런데 마그마가 지하 깊은 곳에 관입된 상태로 굳어 만들어진 화강암이 어떻게 팔공산과 같은 큰 산지로 남을 수 있었을까요?

결론부터 말하면, '오랜 침식의 결과'라고 할 수 있습니다. 한반도의 화강암은 중생대, 그중에서도 쥐라기와 백악기 때 집중적으로 만들어졌습니다. 약 1억 년 전에 만들어진 탓에, 화강암을 감싸고 있던 땅이 풍화와 침식으로 사라졌다고 이해하면 쉽죠. 비유하자면 초콜릿이 있어 녹여 먹었더니, 그 속에서 더 이상 녹여 먹을 수 없는 단단한 아몬드가 남은 상황과 비슷합니다. 오랜 시간 땅속에서 버틴 만큼

불국사화강암 중 가장 유명한 것은 설악산의 울산바위다. 거대한 바위가 마치 울타리처럼 생겨서 '울산바위'라는 이름이 붙었다고 한다.

단단하고 결이 치밀해 어지간해서는 잘 풍화되지 않는 단단한 암석이 화강암이라는 겁니다.

단단한 화강암은 주요 석재로 이용되어 왔습니다. 경주의 석굴암과 불국사의 석가탑, 다보탑은 물론 양반가의 기둥을 받치던 주춧돌도 거의 모두 화강암이죠. 또 조선 고종(재위 기간 1863~1907) 대에 건축된 덕수궁 석조전은 우리에게 화강암 석조 건축물의 아름다움을 선사합니다. 사실 주변을 둘러보면 화강암이 얼마나 생활 깊숙이 들어와 있는지 새삼 느낄 수 있습니다. 우리 국토에 그만큼 화강암이 많다는 뜻이죠.

중생대의 여러 화강암 중에서도 팔공산의 몸을 이루는 암석은 주로 백악기에 만들어진 불국사화강암입니다. 불국사화강암이라는 이름은 경주 불국사 근처 토함산에서 처음으로 조사되어 붙여진 것이에요. 하지만 불국사화강암은 이름과는 달리 불국사를 넘어 전국 도처에 독립적으로 분포합니다. 불국사화강암 중 가장 유명한 것은 설악산의 울산바위입니다. 병풍처럼 늘어선 울산바위의 기암괴석을 보면, 중생대 백악기에 활발했던 한반도의 지각변동이 떠오르죠. 이러한 상상은 현재를 통해 과거를 만나는 신기한 경험을 선사합니다. 경남 남해도에 있는 사찰인 보리암에 오르거나, 경북 경주에 있는 토함산의 석굴암을 관람하는 것도 마찬가지예요. 모두 불국사화강암 지역이기 때문입니다.

선상지,
스타벅스 대구팔공산점의 자리

팔공산 아래에서 차를 타고 천천히 팔공산도립공원을 오르기 시작했습니다. 대구에서 팔공산도립공원으로 향하는 동안은 완만하지만 꾸준한 오르막길입니다. 따라서 드라이브 코스로는 제격으로, 가을이면 이곳은 단풍 터널로 절경을 이룬다고 해요. 저는 여름에 갔기 때문에 푸르른 나무들이 장관이 이루는 멋진 풍경을 구경할 수 있었

노랗고 붉은 나뭇잎들로 한껏 치장한 가을 팔공산 풍경. 드라이브 코스로 유명한 팔공산 순환도로는 가을이면 단풍 터널로 절경을 이룬다.

습니다. 그 길의 끝자락에 도달할 즈음, 스타벅스를 만났습니다.

커피를 한잔 사 들고 스타벅스 2층 야외 테라스 좌석에 앉았습니다. 탁 트인 경치에 푸른 하늘을 배경으로 저 멀리 굽이굽이 물결치는 산들을 한눈에 볼 수 있었죠. 이 점에서 스타벅스 대구팔공산점이 자리한 대구광역시 중대동은 지리적으로 무척 흥미롭습니다. 앞에서 팔공산도립공원으로 올라가는 길이 완만하다고 했죠? 주변 경관의 방해 없이 주변 산세를 조망할 수 있는 까닭은 바로 이러한 지형적 조건 덕분입니다. 즉 선상지라서 가능하다는 의미죠.

선상지는 산지에서 공급되는 물질이 하천을 따라 이동하다가 경사가 완만해지는 산지 끝자락에서 퇴적되어 만들어집니다. 중대동 일대에 뚜렷한 선상지가 만들어질 수 있었던 까닭은, 물질 공급이 워낙 탁월했기 때문이에요. 원리는 간단합니다. 한반도의 기온이 매우 낮았던 지난 빙기 때, 암석이 얼고 녹는 과정을 반복하면서 많은 물질이 산 밑으로 공급되었습니다. 일 년 중 영하까지 내려가는 날씨가 많이 반복되는 환경에서는, 암석 틈을 비집고 들어간 물이 동결과 융해를 반복하는 물리적 풍화작용이 활발하게 일어나죠. 그래서 팔공산 파계사 입구에서 스타벅스를 지나 내려가는 길은 완만한 내리막길이 꾸준히 길게 이어집니다. 스타벅스 팔공산점은 불국사화강암의 끝자락이자, 선상지의 높은 지점에 위치한 좋은 경관 포인트인 셈입니다.

스타벅스 춘천구봉산R점은 배후 산지와 분지 바닥 사이의 완만한 산록에 위치해서, 춘천 시가지를 한눈에 조망할 수 있다.

같은 듯 다른 자리, 스타벅스 춘천구봉산R점

그러면 화강암이 만든 지형 가운데 전망이 좋아 카페가 자리하기 좋은 곳은 선상지 외에 어디가 있을까요? 강원도 춘천에 있는 스타벅스 춘천구봉산R점에 그 해답이 있을 듯합니다. 춘천구봉산R점은 춘천 시가지를 한눈에 조망할 수 있어 야경을 감상하려는 인파로 북새통을 이룹니다.

춘천구봉산R점의 자리는 대구팔공산점과 조금 다릅니다. 춘천구봉산R점의 자리는 침식분지의 형성으로 이해할 수 있어요. 침식분지는 이름처럼 침식으로 만들어진 분지입니다. 분지는 주변이 산지로 둘러싸인 움푹 파인 공간을 뜻하죠. 침식분지의 핵심은 분지 바닥을 이루는 암석과 주변을 둘러싼 산지의 암석이 다르다는 데 있습니다. 우리 국토의 침식분지는 대체로 화강암, 주변 산지는 변성암이나 퇴적암으로 구성된 경우가 많습니다. 춘천 분지의 경우, 바닥은 화강암이고 주변 산지는 변성암의 일종인 편마암이 주를 이루죠.

흥미로운 점은 앞서 살펴본 팔공산의 경우는 화강암이 독립적으로 우뚝 솟은 산지로 남았다는 사실입니다. 그런데 왜 춘천 분지의 화강암은 침식분지로 변모한 걸까요? 화강암은 변신의 귀재입니다. 높은 산꼭대기의 기암괴석으로 존재했다가, 또 선상지로 변모하기도 하죠. 화강암이 자유자재로 모습을 바꿀 수 있는 까닭은 전적으로 풍화 특성 때문입니다. 화강암은 팔공산의 경우처럼 기본적으로 풍화에 강한 암석이라 독립된 산으로 남는 경우가 많습니다. 하지만 이와 반대로 한번 붕괴하기 시작하면 걷잡을 수 없이 와해되기도 하죠. 철옹성의 성문이 파괴되면, 전세가 급격히 기우는 것과 유사한 이치입니다. 이러한 화강암의 양면성은 조암광물의 성질과 절리 밀도의 차이에서 비롯된 것입니다.

화강암은 석영, 운모, 장석 등의 조암광물이 결합된 결정질 암석입니다. 화강암은 이들 조암광물의 입자가 불규칙하게 배열되어 있어 물이 스며들 수 있는 틈, 다시 말해 공극률이 매우 낮습니다. 그래서 거대한 돌 모양의 암반 상태에서는 물리적인 충격에 잘 견디죠.

하지만 일단 풍화가 시작되면 조암광물 중 풍화에 약한 운모와 장석이 문드러지면서 수분이 더 잘 공급될 수 있도록 틈이 벌어집니다. 풍화의 첨병인 수분의 원활한 침투는 곧 깊은 풍화로 이어집니다. 이러한 차이로 같은 화강암 지역이라도 어떤 곳은 산으로 남고, 또 어떤 곳은 분지로 남게 되죠. 대표적으로 팔공산과 대구 분지, 계룡산과 대전 분지, 관악산과 서울 분지가 그렇습니다. 같은 화강암 지역이지만 완전히 상반된 지형 경관을 연출하게 되는 겁니다.

춘천구봉산R점은 배후 산지와 분지 바닥 사이의 완만한 산록에 위치합니다. 스타벅스에서 바라보는 넓게 펼쳐진 춘천 분지가 화강암이 깊게 풍화된 자리라면, 스타벅스의 자리는 이러한 화강암의 풍화 과정에서 남은 산지와 분지 사이의 점이지대에 해당하죠. 스타벅스 테라스에 앉으면 완만한 경사로 넓게 펼쳐진 화강암 분지와 그 사이를 굽이쳐 흐르는 북한강, 소양강의 두물머리를 감상할 수 있습니다. 이질적인 기반암의 경계에 해당하는 산록의 시작점에 스타벅스를 위시한 춘천의 이름난 카페가 즐비한 이유가 여기에 있습니다.

우뚝 솟아 산이 되고, 꺼져 분지가 되고,
화강암의 변신은 무죄!

화강암 분지를 이야기한다면 논산을 빼놓을 수 없습니다. 무척 홍

논산은 우리나라에서 손꼽히는 거대한 화강암 분지로, 그 면적이 대전광역시 전체 면적보다도 넓다.

미로운 공간이죠. 그 이유는 논산의 위성사진을 보면 금방 알 수 있습니다. 스마트 기기에서 논산의 위성사진을 열고 손가락 핀치 기능을 이용해 논산 시내에서 멀어지면, 산지에 갇힌 사각형 모양의 거대한 분지가 눈에 들어옵니다. 박스형 분지 네 귀퉁이를 잡아 면적을 계산해 보면 대전광역시 전체를 덮을 정도로 무척 광대하죠. 그러면 논산의 핫 플레이스는 어디인지 살펴볼까요? 스타벅스가 어느 지역에 위치해 있는지를 알아보면 바로 답이 나옵니다. 논산에는 두 개의 스타벅스가 있는데, 하나는 논산중앙점입니다. 스타벅스 논산중앙점은 박스형 분지 가운데쯤에 있는 논산역과 논산시외버스터미널 근처에 위치하죠.

논산시의 핵심 지역은 논산역 일대입니다. 본디 논산 분지의 핵심 지역은 조선 시대까지는 금강과 맞닿은 강경이었지만, 일제강점기에 접어들어 수운 교통의 쇠락과 철도 교통의 부상이 맞물리면서 자연스럽게 논산역 일대로 중심지가 이동했죠. 논산역 일대는 매우 평탄한 하천 저습지로 화강암이 매우 깊게 풍화된 자리입니다. 논산천과 노성천이 만나는 자리에 퇴적된 화강암 풍화 물질은 켜켜이 쌓여 너른 평야를 만들었고, 다시 논산천과 금강이 만나는 강경 일대에도 같은 논리로 드넓은 평야가 조성되었죠. 이들 평야는 비옥하고 넓어 일대의 핵심 곡창지대로서 기능하고 있습니다.

한편 또 다른 스타벅스인 논산내동DT점은 화강암 구릉 곁에 위치한 논산 시청 부근에 있습니다. 논산 분지가 화강암이 풍화된 지대라고 해서 대부분의 지역이 낮고 평탄하다고 생각하면 안 됩니다. 논산역 근처는 평야가 넓게 펼쳐져 있는 반면, 논산 시청이 있는 동남쪽은 낮은 기복의 구릉대를 이루고 있죠. 화강암 구릉대는 풍화 물질이 빠르게 제거되지 않는 환경에서 잘 나타납니다. 화강암 풍화 물질을 빠르게 걷어 가는 일은 대개 하천이 담당해요. 그래서 화강암 구릉대는 일반적으로 하천에서 한 발짝 떨어진 곳에 독립적으로 남는 경우가 많죠.

하천과의 지리적 거리 두기는 범람으로부터의 안전을 뜻합니다. 조선 시대까지만 하더라도 인간 생활의 핵심 공간이 스타벅스 논산

중앙점 일대가 아닌 논산내동DT점 일대였던 이유가 여기에 있습니다. 이는 논산내동DT점 인근에 위치한 은진향교의 존재로 확인할 수 있습니다.

화강암의 변신은 정말 놀랍기만 합니다. 때론 큰 산으로, 때론 낮은 구릉과 평야로 변신하는 화강암은 오랜 시간 동안 인간에게 중요한 생활공간을 마련해 주었죠. 기암괴석으로 멋들어진 화강암 산지를 볼 수 있는 화강암 선상지, 침식분지를 한눈에 조망할 수 있는 화강암 산록, 핵심 곡창지대와 안전한 생활공간을 마련해 준 화강암 평야와 구릉대는 모두 '스타벅스의 자리'로 통하는 이색 공간입니다.

화산섬 제주의 풍경을 맛으로 느끼다

· 제주애월DT점

2021년 겨울, 오래전부터 버킷리스트에 담아 두었던 제주도 한 달 살기를 실행했습니다. 코로나19를 겪으며 많이 지치기도 했지만, 지리 교사로서 특이한 지형을 간직한 제주도에서 지리 답사를 실컷 해 보고 싶었거든요. 제주도에 간 김에 스타벅스에 자주 들러 제주도 매장에만 있다는 제주 한정 메뉴를 원 없이 먹었습니다. 제주 쑥떡 크림 프라푸치노, 당근 현무암 케이크, 제주 스노잉 백록담, 오름 치즈 케이츄리, 제주 리얼 녹차 티라미수 아일랜드 등등 종류도 많고 구성도 다양했죠. 그러다 깨달은 것은, 이 모든 제주 한정 메뉴들이 지리와 관련 있다는 사실! 이번엔 한 달 동안 제주도에 살면서 먹었던 스타벅스 메뉴와 이와 관련된 지리 이야기를 하려고 합니다.

해풍을 맞고 자란 쑥은 맛있다

칼바람이 한창이던 어느 겨울날, 한 달 살기를 위한 많은 짐을 차에 싣고 제주항에 도착했습니다. 겨울에 제주를 방문해 보지 않은 사람들은 제주의 겨울이 따뜻할 거라 예상하곤 합니다. 하지만 전혀 그렇지 않죠. 의외의 복병이 기다리고 있습니다. 물론 낮은 위도 덕에 기온은 육지에 비해 높지만, 온몸을 때리는 바람이 정말 무섭거든요. 몸이 휘청휘청할 정도의 바람을 맞고 있으면 여행은커녕 어디라도 당장 들어가야겠다는 생각밖에 들지 않죠.

숙소로 향하는 길에 카페인을 충전하기 위해 스타벅스를 찾았습니다. 제주에 오면 꼭 해야 할 일 중에 하나가 스타벅스에 들러 제주 한정 메뉴를 맛보는 것입니다. 오직 제주도에서만 맛볼 수 있는 스타벅스 메뉴인지라, 제주 여행길에 오르는 사람은 먹어 볼 목록에 한두 개 정도는 넣어 두곤 하죠. 숙소에서 가까운 스타벅스 제주애월DT점에 들러 제주 한정 메뉴를 살펴보았습니다. 그중 인기 메뉴로 알려진 '제주 쑥떡 크림 프라푸치노'를 선택했죠. 제주 쑥떡 크림 프라푸치노의 핵심 재료는 쑥떡입니다. 쑥떡은 전국 어디서나 맛볼 수 있는 음식인데, 굳이 제주 한정 메뉴인 까닭이 있을까요? 한 가지 인상적인 점은 있습니다. 해풍에 맞서 모진 환경을 딛고 자란 쑥으로 만든 떡이라는 것!

제주 쑥떡 크림 프라푸치노와 제주 해풍

한마디로, 제주는 바람을 타는 섬입니다. 그런데 제주에는 어째서 이렇게 강한 바람이 부는 걸까요? 섬이라고 모두 강한 바람이 많이 부는 건 아닐 텐데 말이죠. 그 이유는 겨울과 여름으로 나누어 생각해 볼 수 있습니다. 제주도는 한반도 스케일에서 보면 계절에 따라 공기가 위아래로 교차하는 길목에 있습니다. 이런 까닭에 제주에는 크게 나눠 두 종류의 바람이 붑니다.

먼저, 겨울바람은 저 멀리 시베리아 고기압이라는 대륙 기단과 관련이 있습니다. 북반구가 겨울로 접어들면 시베리아 일대에 강력하고도 차가운 고기압이 발달합니다. 시베리아의 지형은 북극에서 밀려 내려오는 차가운 공기를 담는 거대한 욕조처럼 생겼어요. 이곳에 차곡차곡 쌓인 냉기류는 강력한 고기압 세력으로 발달해 중국을 거쳐 한반도를 향해 달리죠. 따라서 겨울바람은 한반도의 북서쪽에서 밀려오는 바람이므로 북서풍입니다.

겨울바람을 막을 수 있는 것이라면 단단하게 버티고 선 산지뿐입니다. 황해를 거쳐 육지에 도달한 바람은 산지를 만나 한숨을 고르지만, 제주 바람은 그렇지 않습니다. 제주 바람은 망망대해를 어떤 방해도 받지 않고 밀려드는 탓에 결이 투박하죠. 뭍에서 제법 멀고, 사방이 바다인 까닭에 제주의 겨울바람은 매섭기 그지없습니다.

제주의 겨울바람은 지형 장벽이 적은 탓에 풍속도 강합니다. 지역적으로 제주를 남과 북으로 갈라 보면, 북쪽의 풍속이 훨씬 강합니다. 제주의 풍력발전 단지가 대체로 북부 해안에 밀집한 이유죠. 국내 1호 풍력발전 단지인 행원을 비롯해 김녕풍력단지 등 풍력발전소의 밀도는 북쪽이 높습니다. 바람을 타는 제주의 풍력발전은 지리적 위치와 매우 밀접한 관련이 있습니다.

제주에는 여름에도 굵직한 바람이 찾아옵니다. 여름철 제주는 태평양에서 발달한 북태평양고기압의 영향을 받습니다. 고기압의 위치가 제주 남쪽에 있어, 들어오는 바람의 방향 역시 남풍 계열이 우세하죠. 남서풍, 남동풍, 남풍 계열의 바람은 제주의 서귀포 일대를 집중적으로 공략합니다. 이따금 찾아오는 태풍의 이동 방향 역시 남쪽에서 북쪽입니다. 이러한 여름 바람은 많은 습기를 머금고 들어와 제

제주를 남과 북으로 갈라 보면, 북쪽의 풍속이 훨씬 강하다. 따라서 제주의 풍력발전 단지는 대체로 북부 해안에 밀집해 있다. 사진은 제주시 구좌읍 김녕리에 있는 김녕풍력단지의 모습.

주에 많은 비를 내립니다. 남쪽에서 바람을 직접 받는 서귀포시가 한라산 건너편 북쪽의 제주시보다 여름 강수량이 많은 것은 그 때문입니다.

제주 쑥떡 크림 프라푸치노는 제주 한정 메뉴 중에서도 세 손가락 안에 드는 인기 메뉴입니다. 해풍을 맞고 자란 쑥은 특히 향이 진하고 잎새가 야들야들하다고 해요. 전국 최강의 해풍을 맞고 자란 제주의 쑥이라니, 그렇다면 최고 메뉴로 인정해 줘야 하지 않을까요.

당근 현무암 케이크와 현무암

제주도의 특산물로는 해풍을 맞은 쑥 외에도 당근이 유명합니다. 국내 당근 생산량은 10만 t 정도 되는데, 이 가운데 제주 당근이 약 60%를 차지하죠. 특히 섬 동쪽에 위치한 제주시 구좌읍은 제주 전체 당근 생산량의 90% 이상을 담당하는, 전국 최대의 당근 산지로 알려져 있습니다. 당근은 누구나 좋아하는 채소로, 각종 요리에 많이 쓰이는 음식 재료입니다. 그냥 먹어도 맛있고요. 그래서인지 스타벅스에도 제주 한정 메뉴로 '당근 현무암 케이크'가 있습니다. 현무암 토양을 떠오르게 하는 오징어 먹물 케이크 시트 위에 앙증맞은 초콜릿 당근이 놓여 있는 컵케이크죠. 그런데 유독 제주도에서 당근이 많이 나는 이유가 무엇일까요?

우리 모두 알다시피, 한국인의 주식은 쌀입니다. 하지만 육지에서는 흔하디흔한 논두렁을 제주에선 찾아보기 힘듭니다. 그도 그럴 것이 제주 전체 면적의 1% 정도에서만 소규모로 벼를 재배하기 때문이죠.

핵심은 제주도의 기반암입니다. 제주도는 여러 화산체가 쌓아 올려져 만들어진 섬입니다. 그 가운데 가장 크게 중앙을 차지하는 게 한라산이죠. 제주도의 화산체는 여러 화산암으로 이루어져 있는데, 그중에서 현무암의 비중이 가장 높습니다. 벼농사에서 중요한 것은 '물'인데, 제주도는 땅의 특성상 물 빠짐이 좋아 벼농사에 불리합니

국내 당근 생산량 중 제주 당근은 약 60%를 차지하는데, 이 가운데 90%가 제주시 구좌읍에서 생산된다. 비옥하되 물 빠짐이 좋은 제주의 환경은 당근이 좋아하는 토양의 성질과 일치한다.

다. 그렇다면 주된 기반암인 현무암의 물 빠짐이 좋다는 의미일까요? 의외로 그렇지 않습니다. 현무암은 기본적으로 물 빠짐이 더딘 암석입니다. 흔히 구멍(기공)이 많아, 이를 통해 물이 흐를 거라 생각하는데, 이는 막힌 구멍입니다. 게다가 구멍이 없는 현무암도 흔히 볼 수 있죠. 결국 제주도 땅의 물 빠짐이 좋은 까닭은 현무암을 비롯한 기반암의 갈라진 정도인 절리 밀도가 높아서입니다. 제주도는 판의 경계, 다시 말해 태평양판과 필리핀판, 유라시아판이 자웅을 겨루는 판의 경계와 비교적 가까이 위치합니다. 그래서 여러 갈래의 땅 갈라짐 현상이 나타나 절리 밀도가 높은 기반암을 가질 수 있었죠.

빠르게 지하로 스며든 물은 중산간 지대의 지하 깊은 곳의 암석 사이마다 모여 대수층을 형성하고, 일부는 해안으로 빠져나갑니다. 지표수가 귀한 제주도는 물 자원을 특별히 관리합니다. 제주도가 직접 관리하는 지하수는 1차적으로는 제주도민을 위해 사용하고, 2차적으로는 '제주 삼다수'를 만들어 육지로 판매하죠. 한편 해안에 도달한 물은 바닷물과 만나는 지점에서 샘처럼 위로 솟구치는 경우가 많아요. 이를 용천대라고 합니다. 제주의 전통 취락이 해안에 집중되어 있고, 인구밀도 역시 높은 것은 용천대와 관련이 깊습니다.

스타벅스의 당근 현무암 케이크는 제주의 핵심 기반암인 현무암과 당근의 조합을 소재로 만든 케이크입니다. 앞서 살펴본 대로라면 당근 농사는 현무암이 부서져 만들어진 얇은 토양 위에서 이루어질 것이고, 지표수가 부족하니 물을 많이 필요로 하지 않아야 하겠군요.

당근은 근채류(根菜類)입니다. 근채류는 무나 당근처럼 땅속줄기를 뽑아 먹는 뿌리채소죠. 중동의 아프가니스탄에서 유래한 당근이 제주에 들어온 건 1960년대입니다. 제주의 구좌읍 등지에서 재배하는 제주 당근은 전국에서 손꼽히는 맛과 생산량을 자랑해요. 최고 품질의 당근이 생산된다는 말은 제주의 환경이 당근이 좋아하는 토양의 성질과 일치한다는 이야기겠죠. '비옥하되 물 빠짐이 좋은 환경', 흥미롭게도 제주는 이 조건을 훌륭히 만족합니다.

화산 토양은 본원적으로 지하의 다양한 미네랄이 지표에 나와 굳은 암석이 풍화된 물질이라 비옥합니다. 우리나라에서는 제주가 그렇고, 지중해 이탈리아의 베수비오산(이 화산의 폭발로 79년 폼페이 등 여러 도시가 함몰되었습니다) 부근이 그렇죠. 베수비오산 근처에서 포도가 많이 생산되고, 이곳이 와인 산지로 유명한 것도 화산 토양의 비옥함과 관련이 깊습니다. 나아가 제주 화산체는 절리 밀도가 높아 물 빠짐도 좋습니다. 제주는 당근이 좋아하는 서식 환경을 유감없이 발휘합니다. 그런 면에서 '당근 현무암 케이크'는 훌륭한 작명 센스가 돋보이는 이름이죠. 지리적으로 찰떡궁합의 조건을 모아 둔 셈이니 말입니다.

제주 스노잉 백록담과 강설량

한 달 동안 제주도에 살면서 한라산에도 안 올라가 본다면, 이건 정말 반칙이라고 할 수 있겠죠. 한 달 전, 일찌감치 인터넷으로 예약해 놓고, 새벽부터 서둘러 한라산에 올랐습니다. 컴컴한 어둠을 헤치며 산을 향해 올라가는 수많은 사람을 보니, 정말 '세상은 넓고 부지런한 사람은 많다'는 말이 저절로 떠오르더군요. 하지만 겨울철 한라산을 오르며 사람보다 더 많이 본 건 바로 '눈[雪]'이었습니다.

겨울철이면 한라산에는 많은 눈이 내려서, 한라산 정상은 항상 멋진 설경을 자랑한다.

제주는 남쪽의 따뜻한 섬이라는 이미지가 강합니다. 위도 약 33° 내외에 걸쳐 있어 일부에서는 아열대기후를 보이고, 섬이라 온화한 해양성 기후가 나타나서죠. 제주에는 여름철 습한 공기와 태풍이 찾아들어 비가 많이 내린다는 건 익히 알려진 사실입니다. 하지만 제주는 겨울 강수량 역시 제법 많습니다. 정확하게 말하자면 한라산 중턱

이상의 강설량을 말합니다.

제주에 내리는 눈은 한라산과 북서풍의 조합으로 만들어집니다. 겨울철 북서풍이 황해를 지나며 습기를 머금고 한라산으로 오면, 한라산은 이를 정면으로 받아들이는 구조죠. 찬바람이 상대적으로 따뜻한 황해를 지나는 것도 한몫합니다. 대기와 바다 수면의 온도 차는 불안정한 눈구름을 만들기 때문입니다.

불안정한 상태의 눈구름이 한라산을 들이받으면, 이른바 지형성 강설 효과가 나타납니다. 수증기를 많이 머금고 들어와 가뜩이나 무거운 몸인데 강제로 한라산을 등반하라는 격이랄까요? 그럴 바엔 차라리 무거운 물을 내려놓는 게 비구름이나 사람이나 수월할 터입니다. 한라산 중산간지대를 관통하는 1100도로, 1131도로는 겨울철 많은 눈으로 통제되는 일이 많습니다. 나아가 1100고지에서 정상인 백록담까지는 겨울철 하얀 눈으로 덮여 있는 경우가 많죠. 해안 저지대 어디에서나 보이는 한라산의 정상부가 겨울철이면 항상 멋진 설경을 자랑하는 이유는 이 때문입니다.

한라산 정상의 백록담은 화구호(火口湖)입니다. 화구(火口)는 화산체의 입구를 말하죠. 지하의 마그마가 최종적으로 빠져나올 때 만들어지는 화구는, 화산체를 예술 작품으로 볼 때 낙관에 해당하는 자리입니다. 한라산은 부드럽고 유려한 화산체에 걸맞게 다소곳하고 아담한 화구를 가졌습니다. 화구에 물이 고이면 화구호라 하는데, 백록담은 화구호의 이름입니다.

한라산 등반을 마치고 지친 몸을 녹일 겸, 차를 타고 가까운 스타벅스로 향했습니다. 따뜻한 커피 한잔이 그리웠는데, 제주 한정 메뉴를 보니 '제주 스노잉 백록담'이 있었죠. 차가운 음료지만, 백록담을 보고 온 이상 그냥 지나칠 수 없었습니다. 제주 스노잉 백록담은 눈 내리는 겨울철 백록담의 전경을 묘사한 음료라고 합니다. 아름다운 백록담 설경이 저절로 떠오를 정도였죠. 눈꽃이 피어나는 호수, 백록담을 표현한 음료는 그래서 먹는 맛보다 보는 맛이 좋았습니다.

오름 치즈 케이츄리와 오름

스타벅스 제주 한정 메뉴를 따라 그다음 찾아간 곳은 다랑쉬오름

다랑쉬오름은 '제주 오름의 여왕'이라는 별명이 있을 정도로 우아한 곡선을 지닌 아름다운 오름이다. 하지만 높이가 꽤 되는 데다 경사가 급해 오르기는 쉽지 않다.

입니다. 제주에 가면 제가 꼭 들르는 곳이 오름입니다. 제주들불축제가 열리는 새별오름, 가을이면 새하얀 억새의 물결로 장관을 이루는 따라비오름 등 제주에는 약 370개나 되는 오름이 존재하죠. 같은 모양의 오름이 하나도 없는 만큼, 갖고 있는 매력도 각양각색입니다.

다랑쉬오름은 '제주 오름의 여왕'이라는 별명이 있을 정도로 우아한 곡선을 지닌 아름다운 오름입니다. 하지만 높이가 382.4m로 꽤 되는 데다 경사가 급한 편이라 오르기는 쉽지 않았죠. 30분 넘게 허덕거리며 오른 뒤에야 정상에 닿을 수 있었습니다. 정상에 오르니 사방이 트여서 아름다운 제주가 한눈에 들어왔어요. 성산일출봉은 물론이고 주변의 오름들까지 모두 보였는데, 정말 보기 드문 장관이었죠. 게다가 다랑쉬오름 정상에 있는 분화구도 놀라웠습니다. 분화구가 꽤 깊고 넓어서 한라산 백록담을 보는 듯했습니다.

다랑쉬오름 정상에 올라 주변의 크고 작은 오름들을 보니, 제주가 오름 천국이라는 사실이 확 와닿았습니다. 넓게 펼쳐진 밭과 평지 사이사이로 갑자기 낮은 언덕들이 봉긋봉긋 솟아 있는데, 왠지 비현실적인 느낌까지 들었죠. 그러면 이런 오름들은 어떤 과정을 거쳐 형성되었을까요?

제주 오름 대부분은 제주 화산체의 형성 시기로 보면 가장 최근에 만들어졌어요. 약 120만 년 전부터 서서히 만들어지기 시작한 제주 화산체는 10만 년 전부터 2만 5,000년 전까지 무수히 많은 오름을 만들어 냈죠. 오름은 주된 화산체가 형성된 후, 지각의 갈라진 틈을 따라 작은 화산체가 분출한 결과입니다. 거대 한라산체에 붙어 있고 크기가 작은 탓에 오름은 '기생화산'이라고도 불립니다. 하지만 오름은 엄연한 독립 화산체로, 제각각 분화구를 갖고 있죠.

오름 중에는 경사가 가파른 것들이 많습니다. 오름을 오를 때는 가파른 경사에 놀라고, 정상에 올라 다른 오름을 바라보면 주변 오름의 급경사에 다시 한번 놀라게 되죠. 오름의 경사가 대부분 가파른 이유는 몸체를 이루는 용암의 성질 때문입니다. 용암은 크게 두 종류로 나뉘어요. 하나는 점성이 낮아 분출 후 멀리 이동하지 못하는 것으로, 대개 유문암, 조면암, 안산암질 용암이 여기에 속해요. 다른 하나는 유동성이 커 분출하고도 제법 멀리 이동할 수 있는 것으로, 현무암인 경우가 대부분이죠.

앞선 논리를 제주 화산체에 대입하면 한라산 1,300m 지점에서 가팔라지는 정상부의 급경사를 이해할 수 있고, 오름 등반이 수월하지 않은 까닭을 이해할 수 있습니다. 반대로 한라산 중턱에서부터 해안까지 이어지는 완만한 경관과 오름과 오름 사이의 완만한 땅은 대체로 현무암질 용암이 굳어져 만들어진 것이라는 사실을 알 수 있죠. 그런 면에서 해안까지 이동한 용암은 주로 현무암이 많습니다. 곳에 따라 만날 수 있는 멋들어진 주상절리는 해안을 만나 급격히 냉각된 현무암질 용암의 또 다른 모습입니다.

다랑쉬오름에서 내려와 스타벅스를 찾았습니다. 오늘 고른 메뉴는 오름과 관련 있는 '오름 치즈 케이츄리'였습니다. 이 메뉴의 포인트는 페이스트리 위에 올려진 오름 형태의 치즈 케이크예요. 치즈 케이크 위에 움푹 들어간 빈 공간에는 블루베리를 올려 맛을 더하고 있죠. 구성을 보자면 밑단을 이루는 페이스트리는 현무암질, 치즈 케이크는 조면암질, 블루베리가 담긴 공간은 화구 자리에 해당하는 셈입니다. '아는 만큼 보인다'더니, 많은 사람이 하나의 케이크를 만들기 위해 얼마나 깊은 고민을 했을지 가늠이 되는 순간이었습니다.

제주 리얼 녹차 티라미수 아일랜드와
제주 녹차 재배지

끝으로 소개할 제주 한정 메뉴는 '제주 리얼 녹차 티라미수 아일랜드'입니다. 제주에서 녹차라뇨? 보성이라면 모를까, 제주에서 녹차라니 왠지 생뚱맞게 느껴지지 않나요? 사실 녹차 하면 떠오르는 곳은 전라남도 보성입니다. 보성은 일제강점기 최초의 녹차 재배지로 낙점되어 지금까지 우리나라를 대표하는 녹차 재배지로 자리매김해 왔죠. 그러다 경상남도 하동이 녹차 생산에 뛰어들었고, 그 뒤를 제주가 잇고 있습니다.

보성 녹차는 국내 '지리적 표시제' 1호 상품으로 등록되어 있는데, 이는 녹차 재배가 지리적인 조건에 민감하다는 반증입니다. 녹차는 커피나무처럼 재배 조건이 까다롭습니다. 차 재배 적지는 연평균 기온이 13~16℃ 사이가 적당하고, 겨울 기온이 영하 5℃ 밑으로 내려가서는 곤란합니다. 연강수량은 1,500mm 이상의 다우지가 좋고, 무엇보다 물 빠짐이 잘돼야 뿌리가 썩지 않죠. 따라서 제주 녹차 재배지는 남서부 중산간 지역에 집중해 있습니다. 제주는 이런 조건을 모두 만족하는 녹차 재배의 적지입니다. 척박한 제주라지만, 화산 돌 뿌리를 잘만 골라내면 녹차로서는 최적의 서식 조건인 거죠. 그 덕에 1980년대 본격적으로 조성되기 시작한 녹차밭은 현재 593만 m^2, 생산량 1,517t으로, 전국 생산량의 37%를 차지하는 광대한 차 재배지

오설록 티 뮤지엄의 녹차밭 풍경으로, 산 아래 멀리 높게 솟은 바람개비가 보인다. 바람개비는 차나무가 얼어 죽는 일을 방지하기 위한 것으로, 찬 공기가 한곳에 머무르지 않고 순환시키는 역할을 한다.

로 성장했습니다.

서울에 올라가기 전, 우리나라 대기업에서 운영하는 오설록 티 뮤지엄에 들렀습니다. 이곳 녹차밭에서 신기한 풍경을 볼 수 있었어요. 높게 솟은 작은 바람개비 시설이었는데, 이는 차나무가 얼어 죽는 일을 방지하기 위해 만들어졌다고 합니다. 제주와 서귀포의 최한월 평균기온은 영상 5℃ 내외로, 기온만 보면 차나무가 얼어 죽는 일은 없을 것처럼 생각됩니다. 하지만 이는 관측 시설이 해안에 있어서 그런 것으로, 해발고도가 높은 중산간 지역은 사정이 다릅니다.

녹차 재배지가 조성된 곳은 해발고도 200~300m 내외로 높고, 무엇보다 한라산 정상부에서 슬그머니 내려오는 겨울철 냉기류가 무섭습니다. 찬 공기가 녹차밭을 가로질러 자연스럽게 흩어지면 괜찮지만, 녹차밭 주변을 감싸는 방풍림에 갇히면 그 자리에 눌러앉아 버리거든요. 바람을 막기 위해 조림한 나무가 겨울에는 외려 독이 되는 거죠. 영하의 찬 공기가 지배하는 곳에선 차나무가 얼어 죽을 수도 있습니다. 이때 필요한 것이 공기의 순환입니다. 바람개비는 그 역할을 합니다. 지리적 현상을 알면, 제주 녹차밭의 신기한 풍경을 속속들이 읽어 낼 수 있습니다.

'제주 리얼 녹차 티라미수 아일랜드'는 층층이 쌓은 부드러운 녹차 케이크와 크림 위에, 녹차 가루를 듬뿍 뿌린 디저트입니다. 고운 현무암 미립토는 티라미수, 녹차 분말은 그 위에 재배되는 대규모 녹차밭을 형상화한 것이 아닐까요?

제주 한정 메뉴를 먹다 보면 제주의 풍경이 저절로 떠오릅니다. 쑥과 당근이 잘 자라는 바람이 많고

비옥하며 물 빠짐이 좋은 환경, 겨울이면 폭설이 내리곤 하는 한라산 백록담, 용암의 성질로 인해 가파른 경사의 오름, 녹차 재배에 적합한 땅과 기후 등이 파노라마처럼 스쳐 가죠. 제주를 들른다면 꼭 한번 제주 한정 제품을 먹어 보았으면 합니다. 그것은 제주의 풍토를 온전히 혀끝으로 느끼는 일이 될 테니까요. 지리적으로 보면 반드시 그렇습니다.

중동의 뉴욕, 두바이

요즘 인기 있는 해외 여행지 중 하나가 '중동의 뉴욕'이라 불리는 두바이입니다. 1, 2월 평균기온이 20℃ 정도로 우리나라 봄가을 날씨와 비슷해서, 겨울철에 사람들이 많이 찾는 여행지로 잘 알려져 있죠.
이곳 두바이의 이븐바투타몰에 바로 '세계에서 가장 아름다운 스타벅스 매장 7' 가운데 한 곳으로 꼽히는 스타벅스 이븐바투타몰점이 있습니다. 이븐 바투타(Ibn Battuta)는 모로코 출신의 역사상 가장 위대한 여행가로, 『동방견문록』을 저술한 마르코 폴로(Marco Polo)와 견주어도 손색이 없을 정도로 방대한 지역을 여행한 인물입니다. 약 30년 동안 고향인 모로코를 시작으로 북아프리카, 서아시아, 중앙아시아, 인도, 동남아시아, 중국에 이르는 여러 지역을 여행했는데, 각 지역에 관한 수많은 기록을 남긴 것으로도 유명하죠. 이븐바투타몰은 이븐 바투타의 핵심 여행지 6곳을 모티브로 삼아, 해당 지역의 특징을 건축에 반영해 지은 쇼핑몰입니다. 그래서 이븐바투타몰은 페르시아관, 안달루시아관, 인도관, 중국관, 이집트관, 튀니지관으로 구성되어 있고, 이 중 스타벅스는 페르시아관에 있습니다.

세계에서 가장 아름다운 스타벅스 매장

이븐바투타몰의 페르시아관은 이란 이스파한의 샤 모스크(이맘 모스크) 타일이 떠오를 정도로, 융성했던 페르시아 제국의 위용을 모방한 흔적이 엿보입니다. 웅장한 페르시아몰의 분위기를 한껏

두바이의 이븐바투타몰 페르시아관에 있는 스타벅스 이븐바투타몰점.
이곳은 '세계에서 가장 아름다운 스타벅스 매장 7' 가운데 한 곳으로 꼽힌다.

고조시키는 것이 바로 중앙을 차지하고 있는 스타벅스 매장이에요. 이븐바투타몰에 입점한 스타벅스의 분위기는 그야말로 이색적입니다. 이슬람의 전통 문양인 아라베스크가 스타벅스의 거대한 돔과 벽면을 에워싸고 있죠. 또한 푸른색과 황금색 등 여러 다양한 색의 타일은 눈부시게 호화롭고 아름답습니다.
한 가지 흥미로운 사실은 이븐 바투타가 지금의 두바이 지역을 여행했다는 기록이 없다는 점입니다. 이븐 바투타는 페르시아만과 오만만을 연결하는 호르무즈 일대를 지나면서도 오늘날의 두바이 일대에는 관심을 두지 않았어요. 그도 그럴 것이 이븐 바투타가 여행할 즈음인 14세기만 해도 두바이는 사람들이 작은 하천에서 진주를 채취하고 물고기나 잡던 한적한 어촌 마을에 불과했거든요.

페르시아만에서 석유가 많이 나오는 까닭은?

오늘날 두바이는 아랍에미리트를 구성하는 7개 나라 중 하나입니다. 7개 나라는 '아부다비, 두바이, 샤르자, 아즈만, 움 알카이와인, 라스 알카이마, 푸자이라'로, 이 가운데 영토 규모와 경제력이 가장 큰 아부다비가 수도 역할을 하고 있죠. 두바이는 1960년대 발견한 석유를 이용해 큰 경제 성장을 이루었어요.

아랍에미리트가 위치한 페르시아만(아라비아만)은 둘째가라면 서러워할 세계 석유의 핵심 지역입니다. 페르시아만에 석유가 많은 까닭은 본원적으로 '지리의 힘' 덕분이에요. 지도를 펼쳐 아라비아반도를 찾으면 서로는 홍해, 동으로는 페르시아만, 남으로는 아덴만을 만날 수 있습니다. 한반도처럼 삼면이 바다지만, 석유와 천연가스는 페르시아만의 전유물입니다.

넓게 보아 홍해의 탄생은 페르시아만의 탄생을 낳았습니다. 홍해는 동아프리카 지구대라는 거대한 판과 판의 경계에 남은 좁고

페르시아만은 수심 50m 내외로 낮게 형성된 대륙붕인 까닭에, 해양 플랑크톤이 오랜 시간 누적될 수 있었다. 막대한 양의 석유와 천연가스는 이러한 지리적 조건의 부산물이다.

깊은 골짜기에, 물이 차 만들어진 바다입니다. 그래서 수심이 깊죠. 반면에 동아프리카 지구대에서 동쪽으로 한 발짝 떨어져 있는 페르시아만 일대는 대륙붕입니다. 판과 판의 경계라는 큰 힘에서 떨어져 있어 상대적으로 땅이 내려앉는 효과를 본 곳이라 그렇습니다. 페르시아만은 수심 50m 내외로 낮게 형성된 대륙붕인 까닭에, 해양 플랑크톤이 오랜 시간 누적될 수 있었어요. 막대한 양의 석유와 천연가스는 이러한 지리적 조건의 부산물이죠. 이는 우리나라 상황에도 대입해 볼 수 있습니다. 신생대 동해 지각이 열리면서 한반도의 동부 지역에 가해진 힘이, 동쪽은 높고 상대적으로 서쪽은 낮은 땅의 생김새를 만들어 놓았습니다. 힘을 받는 곳에서 한 발짝 떨어진 지금의 황해 일대는 상대적으로 낮은 자리가 되어, 평균 수심 44m 내외의 얕은 대륙붕으로 남았죠. 페르시아만과의 차이점이라면 석유의 매장량 차이요, 조수간만의 차이입니다. 황해가 대륙붕이라서일까요? 석유가 있을 것이라는 기대감으로 주변국들은 탐사에 대한 욕망의 끈을 놓지 않고 있습니다. 이를 볼 때 황해는 충분히 유전 탐사를 시도할 만한 공간입니다. 지리적으로 보자면 석유가 나온다 해도 특별히 이상할 것이 없는 땅 자리이기 때문입니다.

두바이, 글로벌 도시로 성장하다

다시 두바이 이야기로 돌아가 보죠. 두바이는 석유로 큰돈을 벌었지만 안타깝게도 1990년대 들어 매장량 부족으로 석유 생산량이 줄기 시작했어요. 한때 두바이유는 브렌트유, 서부 텍사스산 원유와 더불어 세계 3대 원유로 불렸지만, 그 영광도 오래 가지 못할 것으로 예상됐죠. 그러자 두바이는 조바심이 났습니다. 이때 마침 셰이크 모하메드(Sheik Mohammed)가 통치자의 자리에

글로벌 도시로 성장한 두바이. 석유로 축적한 자본을 이용해 자유무역단지를 조성하는 등 인프라를 갖춘 중계무역지로 발전했다.

오릅니다. 그는 바둑으로 치면 몇 수 앞을 내다볼 줄 아는 고수였습니다. 석유로 축적한 자본을 이용해 도시 디자인을 유려하게 정비한 뒤, 부가가치가 높은 물류, 관광, 금융의 허브로 두바이를 키워 낼 생각을 했으니까요.

스타벅스 이븐바투타몰점에 오는 손님은 현지인보다 관광객이나 해외 출장을 온 사람들이 더 많습니다. 이곳을 찾는 손님은 두바이의 현재요, 미래입니다. 국제금융도시로서, 중동에서 가장 많은 사람이 이용하는 공항을 보유한 곳으로서, 세계적인 마천루가 즐비한 공간으로서 두바이는 어느새 한 나라의 도시에서 국제적인 브랜드를 가진 세계적인 도시가 되었죠. 이븐바투타몰과 스타벅스 매장은 궁합이 잘 맞습니다. 글로벌한 도시에 마련된 글로벌한 공간에 입점한 글로벌한 커피 기업의 향연. 그런 면에서 '이븐 바투타'를 활용한 쇼핑몰의 이름은 지리적으로 꽤 적확한 이름 짓기입니다.

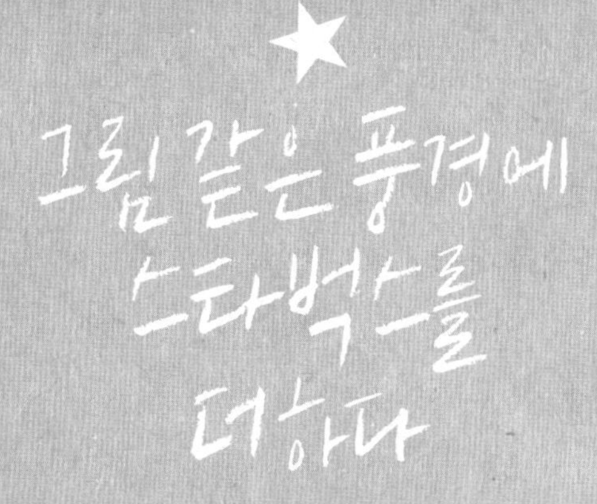

4장

하천과 바다

산과 강이 어우러져 탄생한 자리

더양평DTR점

이번에 찾아갈 스타벅스는 국내 최대 규모를 자랑하는 더양평DTR점입니다. 사실 양평은 관광이나 여행 장소로 그렇게 유명한 곳은 아닙니다. 오히려 서울에서 1시간 남짓이면 갈 수 있다는 장점 때문에, 도심을 벗어나 자연을 느끼고 싶을 때 사람들이 당일치기 드라이브 코스로 많이 찾는 장소라 할 수 있죠. 드라이브하며 즐길 만큼 산과 물이 주는 풍경이 아름답기도 하고요. 스타벅스 더양평DTR점은 경기도 양평군 양평읍에 있는데, 개점 당시부터 멋진 전망으로 큰 화제를 모았어요. 나지막한 산들, 잔잔히 흐르는 강, 그리고 푸른 나무들. 창밖으로 펼쳐지는 아름다운 풍경은 감탄을 자아냅니다. 이제 스타벅스 더양평DTR점에서 지리를 생각해 보도록 하겠습니다.

6번 국도,
그곳에서 만나는 여러 길

화창한 어느 여름날 아침, 서울에서 스타벅스 더양평DTR점[14]을 가기 위해 일찌감치 길을 나섰습니다. 많은 방문객과 주차난으로 몸살을 앓는 곳이라 조금이라도 손님이 적을 때 방문하기 위해서였죠. 차에 올라 네비게이션을 켜고 스타벅스 더양평DTR점을 찾았습니다. 저는 양평에 갈 때면 무조건 6번 국도를 거쳐 가는 길을 선택합니다. 조금 돌아가더라도, 꼭 이 길을 거쳐 가야만 합니다. 6번 국도는 인천에서 강릉까지 이어지는 동서로 긴 도로인데, 특히 남양주 덕소에서 양평에 이르는 구간은 경치가 무척 아름답거든요.

14 스타벅스는 다음과 같은 표시로 매장을 구별한다. R은 리저브 매장, DT는 드라이브 스루 매장, WT는 워크 스루 매장, DL은 배달 주문 매장이다. 따라서 더양평DTR점은 드라이브 스루가 가능하면서 리저브 음료를 판매하는 매장이다.

서둘러 차에 시동을 걸고 양평으로 떠났습니다. 한강 변으로 쭉 뻗은 도로를 달려, 남양주 부근에서 6번 국도로 접어들었죠. 그렇게 한참을 달리다 보니, 어느덧 아파트가 사라지면서 마법과도 같은 풍경이 펼쳐지기 시작했습니다. 산과 물이 어우러진 그림 같은 풍광에 감탄이 저절로 나왔죠. 남한강 옆에 놓인 도로를 달리니, 제가 강물과 함께 흘러가는 느낌이 들었습니다. 흘러가는 물과 도로를 양편에서 감싸고 있는 나지막한 산들은 포근하기 그지없었어요. 마치 길을 잃으면 어쩌나 걱정스레 바라봐 주는 듯 느껴졌죠.

흥미롭게도, 조선 시대 도로인 평해로(平海路)도 이곳을 지났다고 합니다. 한양과 강원도 동해안의 평해 지방을 연결하던 평해로는 구리, 남양주, 양평을 지나는 간선도로였죠. 조선 영조 때 학자인 신경준의 『도로고(徒路考)』에 기록된 평해로의 양평 구간을 짚어 보면, 대부분 6번 국도와 일치합니다. 일제강점기에 접어들어 물자 수송을 위해 놓은 중앙선, 그러니까 지금의 경의중앙선 철도 역시 6번 국도와 거의 유사한 구간에 건설되었어요. 평창 동계올림픽을 준비하기 위해 놓은 강릉행 고속철도 역시 같은 구간에 놓였고요. 이렇듯 시간에 따라 누적된 육상 교통로가 모두 유사한 까닭은 날카롭게 재단된 물길을 따라 육로가 놓일 수밖에 없는 지형 조건 때문입니다. 역설적으로 인간이 선택할 수 있는 공간의 폭이 제한적이라 길의 융합이 만들어진 셈이죠.

조선 시대 뱃길 역시 이곳을 지났습니다. 스타벅스 더양평DTR점

6번 국도는 인천에서 강릉까지 이어지는 도로로, 특히 남양주 덕소에서 양평에 이르는 구간은 경치가 무척 아름답다. 사진은 경기도 양평의 두물머리로, 북한강과 남한강의 두 물이 합쳐지는 곳이다.

에서 멀지 않은 곳에는 양근(지금의 양평)나루가 있습니다. 양근나루는 서울 마포나 뚝섬에서 배로 싣고 온 새우젓을 육로로 갈아타 홍천과 횡성까지 이동하는 적환지(積換地), 다시 말해 물자의 이동 수단이 바뀌는 지점이었어요. 강원도 정선에서 마포로 가는 뗏목, 충주 목계나루에서 충청도와 강원도의 물자를 싣고 온 배, 한양에서 경기도의 물자를 싣고 온 배가 어우러지는 일종의 하천 터미널이었죠. 그뿐 아니라 이곳은 한양으로 진입하는 뱃사람의 마지막 숙박지로서의 역할까

지 수행했다고 합니다. 그만큼 지리적 이점이 탁월한 공간이었죠. 예나 지금이나 이동량이 많은 곳이라서일까요? 이를 증명하듯 스타벅스 더양평DTR점은 드라이브 스루 매장까지 겸하고 있습니다.

스타벅스 더양평DTR점에서 바라보는 풍경

6번 국도의 경치 좋은 구간을 달리다가 커피 한잔이 생각날 즈음, 오른쪽으로 스타벅스 더양평DTR점이 보이기 시작했습니다. 이른 아침인데도 벌써 몇몇 사람들이 도착해서 오픈을 기다리고 있었죠. 문이 열리자마자 커피를 한잔 사서 바로 3층으로 올라가, 창가 자리에 앉아 그림 같은 풍경을 감상하기 시작했습니다.

더양평DTR점에 앉아 바라보는 풍경은 지리적으로 흥미로운 면이 많습니다. 창밖을 내다보면 아름다운 능선을 가진 산지 사이로 유유히 흐르는 푸른 남한강과 수풀이 우거진 모래섬을 만날 수 있죠. 이들 지형 요소가 한데 어우러져 이곳만의 독특한 아름다움을 자아냅니다. 만약 이 가운데 하나라도 없다면 이렇게까지 아름답다고 느끼지는 못할 것 같아요. 지금부터 더양평DTR점의 매력을 배가하는 풍경 요소는 어떻게 만들어졌는지 살펴보도록 하겠습니다.

우선 산세를 알아보죠. 양자산에서 백병산으로 이어지는 부드러운 산세는 편마암이 만들어 낸 작품입니다. 편마암은 풍화 양상이 독특해요. 편마암은 암석 자체의 쪼개짐과 균열 정도가 심해 물리적으로나 화학적으로 상당히 약합니다. 하지만 암석이 문드러지는 깊이, 다시 말해 풍화의 깊이는 얕습니다. 기반암이 편마암인 산지 사면의 풍화 두께는 대개 0.5~2m 내외로 고릅니다. 쉽게 풍화되지만 깊게 풍화되지 않는 것이 편마암이라는 거죠.

편마암이 깊이 풍화되지 않는 것은 전적으로 풍화 산물 덕입니다. 편마암을 구성하는 암석의 입자가 워낙 작아서(미립질), 풍화되고 난 물질 역시 아주 작습니다. 아주 작은 미립 물질이 암석의 갈라진 틈 사이를 비집고 들어가 물의 침투를 막으면 더 이상 깊이 풍화될 수 없게 됩니다. 살몃살몃 물이 암석 사이를 비집고 들어가야 풍화작용이 활발할 텐데, 그러지 못해 깊이 풍화되지 않는 거죠. 이를 전문용어로 '일반화된 표층 풍화(general superficial weathering)'라고 부릅니다. 일반화된 표층 풍화 성향은 부드러운 산세로 이어집니다. 산지 전반적으로 얕게 풍화되지만, 그 덕에 일정 두께의 토양이 고르게 발달할 수 있는 거죠.

고른 토양은 식생의 발달에 유리해, 산지 사면을 녹음으로 우거지게 만듭니다. 편마암 산지일수록 암반의 노출이 극히 적은 이유가 여기에 있죠. 생태학적으로 한반도에서 둘째가라면 서러워할, 지리산(높이 1,915m)과 덕유산(높이 1,614m) 역시 부드러운 능선을 가진 편마암 산지에 속합니다. 이곳에 올라 부드러우면서도 길게 뻗은 녹음의 능선을 바라보면 말할 수 없는 청량감이 느껴집니다. 이는 많은 이가 두 산을 사랑하는 까닭이요, 지리산에 반달곰이 서식하는 이유이기도 하죠.

다음으로 곧게 뻗은 듯 보이는 남한강입니다. 창밖으로 보이는 남한강의 줄기는 제법 곧습니다. 하지만 시야를 멀리 두어 끄트머리 산지로 눈을 가져가면, 반대편으로 급히 굽이치는 물줄기가 인상적으로 다가오죠. 하천이 굽이굽이 흐르는 것은 일반적인 현상입니다. 하지만 어떤 곳에선 하천이 꽤 오랜 구간 굽이침 없이 일직선으로 흐르는 경우도 적지 않아요. 특히 우리나라 산지 사이를 흐르는 하천에서 그런 특징이 도드라지죠. 창밖으로 보이는 남한강의 구간도 그렇습니다.

한반도는 선캄브리아기 변성암의 비중이 약 40%에 이를 정도로 오래된 땅입니다. 오래된 만큼 땅이 무르지 않은 까닭에, 지구 내부의 에너지를 받으면 휘어지기보다는 끊어지는 성향이 강하죠. 양평에서 남양주에 이르는 남한강 구간 역시 끊어져서 낮은 자리에 물이 유도된 것입니다. 그래서 하도(河道, 강이 흐르는 길)가 부드럽게 굽이치기보다는 칼로 재단한 듯 지그재그로 날카롭게 굽이치죠.

이러한 성향은 기반암의 종류와 상관없이 나타나는 산지 하천의 특징입니다. 시야를 넓혀 산지 비중이 높은 남한강 상류로 거슬러 오르면, 이러한 경향은 더욱 뚜렷하게 나타납니다. 차령 산지를 통과하는 충주 일대의 남한강이 날카롭게 굽이치는 데는 그만한 이유가 있는 거죠. 땅이 갈라 준 낮은 자리를 찾아 물이 순응하여 흐르는 것은 자연(自然)스러운 일입니다.

카페에서 보이는 작은 모래섬

스타벅스 더양평DTR점에서는 조금 색다른 풍경도 볼 수 있습니다. 창밖 경관을 아름답게 만드는 수풀이 우거진 두 개의 작은 모래섬이 그것입니다. 조금 큰 섬은 양강섬이고, 작은 섬은 떠드렁섬인데, 이런 섬을 하천 지형학에서는 하중도(下中島)라 불러요. 하천 중간에 떠 있는 두 섬의 몸통을 구성하는 물질은 대부분 모래입니다. 이유는 간단합니다. 물질을 공급하는 지역의 기반암이 모래를 잘 만드는 화강암이기 때문이에요. 상류로 약간만 거슬러 오르면 만나는 넓은 이천, 여주의 화강암 평야에서 실려 온 모래, 화강암 분지 양평군에서 공급되는 모래가 차곡차곡 쌓여 만들어진 섬이 바로 양강섬과 떠드렁섬인 거죠.

스타벅스 더양평DTR점에서 바라본 풍경. 아름다운 능선을 가진 산지 사이로 유유히 흐르는 푸른 남한강과 수풀이 우거진 모래섬(사진은 양강섬)을 만날 수 있다.

하천의 하고많은 구간 중 유독 이곳에 두 개의 하중도가 만들어진 까닭은 남한강으로 유입하는 두 지류의 역할이 큽니다. 하천의 지류는 본류를 만나는 지점에서 유속이 급감합니다. 따라서 지류가 운반하던 물질은 본류 주변에 퇴적되는 게 일반적이죠. 두 모래섬이 있는 자리는 남한강으로 유입하는 지류인 덕평천과 양근천이 만나는 곳으로, 하중도가 생기기 좋은 자리입니다.

남한강 변을 지나다가 곳곳에서 볼 수 있는 하중도의 몸은 대체로 모래와 자갈이 주를 이룹니다. 이런 지형은 모래와 자갈이 혼재된

스타벅스 더양평DTR점에서는 두 개의 모래섬을 볼 수 있는데, 조금 큰 것이 양강섬(왼쪽)이고, 작은 섬이 떠드렁섬(오른쪽)이다. 양강섬에는 산책로와 잔디밭이 조성되어 있다.

성격의 퇴적 지형이라는 뜻에서 사력퇴(sand gravel bar)라고 해요. 사력퇴는 평상시 하천을 떠내려오던 모래와 자갈을 잘 모아 몸집을 키우고, 홍수 때는 불어난 체중을 덜어내는 일을 반복합니다. 기본적으로 물에 둘러싸인 공간이라 수상 동식물의 중요한 서식처로서 생태학적 의미가 큽니다.

카페에서 보이는 모래섬에는 풀이 무성한 것은 물론 나무도 자라고 있습니다. 나무가 자라는 사력퇴는 오랜 시간 동안 물과 줄다리기를 한 끝에, 이제는 어지간한 홍수는 가벼이 넘길 수 있는 몸집을 가진 어엿한 모래섬으로 성장한 케이스죠. 수면 위로 드러난 모래섬 밑에는 자갈이 든든하게 뒤를 받쳐 주는 구조라, 인간이 인위적으로 밀어내지 않는 이상 쉽게 사라지지 않는 안정된 공간이라고 봐도 좋습니다. 양강섬에는 다양한 스포츠 활동 시설과 산책길까지 만들어져 있는데, 이 역시 같은 이유입니다.

하중도를 이루는 사력퇴는 생태적으로 큰 의의가 있습니다. 안정된 사력퇴 습지에서는 처음에는 물억새, 갈대, 애기부들 등의 식물이 공간을 점유하고, 뒤이어 다년생 식물과 뿌리를 깊게 내리는 수목이 세력을 넓힙니다. 식생이 정착한 사력퇴는 하천이 안정적인 수질을 유지할 수 있도록 자연정화 기능을 수행하죠. 사력퇴는 모래 알갱이 사이에 걸린 부영양화 및 유해성 물질을 흡수해 하천의 수질을 개선하도록 돕습니다. 인간으로 치면 콩팥의 기능과 유사하죠. 양평에서 조금 더 가면 수도권 시민의 식수를 담당하는 팔당호를 만날 수 있어요. 결국 팔당호의 수질을 안정하게 유지하는 데 사력퇴의 공이 적지 않다는 뜻입니다.

스타벅스 더양평DTR점에서 바라본 경관은 편마암의 풍화 특성과 남한강을 만든 지구조 운동, 그리고 그 안에서 역동적으로 움직이며 생명력을 불어넣는 모래섬(사력퇴)의 아름다운 조합으로 탄생한 유의미한 공간입니다. 우리나라 산지 하천의 의미를 되새기는 데 꽤 적절한 장소라는 점을 기억해 두었으면 합니다.

스타벅스 더북한강R점 루프탑에 오르면, 산과 강이 파노라마처럼 펼쳐지는 환상적인 풍경을 한눈에 볼 수 있다.

산지 하천을 따라 입점한 스타벅스는 어디?

산과 강이 한데 어우러진 풍경은 정말 매력적인 배경이라 스타벅스 역시 비슷한 지형에 입점한 경우가 많습니다. 한강 하류 산지 하천의 끄트머리에 입점한 팔당 리버사이드DTR점은 더양평DTR점과 여러모로 비슷하죠. 6번 국도에 위치해 있고, 평해로가 지났던 곳이자 경의중앙선과 고속철도의 길목이라는 점이 그렇습니다. 여기서 북한강으로 눈을 돌리면 더북한강R점을 만날 수 있습니다. 날카롭게 재단된 북한강 변으로 파노라마처럼 펼쳐지는 산지와 강물은 이곳을

남이섬 북쪽에 있는 대규모 하중도, 자라섬. 여러 갈래로 나뉜 큰 규모의 하중도와 사력퇴는 북한강에서 든든한 천연 콩팥의 기능을 담당하는 소중한 하천 지형이다.

찾는 사람들에게 잊지 못할 만큼 아름다운 경관을 선사합니다.

북한강에서 조금 더 거슬러 올라 가평으로 가면 스타벅스 남이섬점을 만납니다. 이곳 역시 좁고 날카롭게 재단된 산지 하천이 흐르는 공간입니다. 남이섬점 바로 앞에는 유명 관광지 남이섬이 있어요. 남이섬은 제법 규모가 큰 하중도이자, 사력퇴입니다. 춘천 화강암 분지에서 공급된 모래가 오랜 시간 안정적인 형태로 조성된 공간이면서, 상·하류에 건설된 소양강댐과 청평댐의 조력을 받아 범람의 위험이 적은 곳이죠. 남이섬 북쪽으로는 북한강과 달전천이 만나는 곳에 본류와 지류의 만남으로 형성된 대규모 사력퇴, 자라섬이 있습니다. 여러 갈래로 나뉜 큰 규모의 사력퇴는 북한강에서 든든한 천연 콩팥의 기능을 담당하는 소중한 하천 지형입니다.

한편 스타벅스 남이섬점 근처에는 경춘선 가평역이 있습니다. 1990년대 대학생들에게는 잊지 못할 MT의 성소로 기억되는 공간이죠. 좁고 깊은 산지 하천을 통과하던 경춘선 옛 철길은 이곳을 오가는 승객에게 남다른 풍광을 선사해 왔어요. 하지만 지금 기차는 산을 관통하는 터널로 다니기 때문에, 산지 하천과 분리되어 옛날과 같은 낭만은 찾기 힘듭니다. 당시의 추억을 느끼고 싶은 사람이라면 옛 철로를 활용한 레일 바이크를 타 보는 것도 좋을 듯해요. 북한강 위 철교를 건너는 스릴 만점의 코스라 관광객들에게 큰 인기를 끌고 있죠. 이쯤 되면 산지 하천과 스타벅스의 지리적 궁합이 훌륭하다고 말할 수 있지 않을까요?

곶과 해안단구가 빚어낸 풍경

울산간절곶점

새해가 되면 많은 사람이 해돋이를 보기 위해 바다로 떠납니다. 새해 첫날, 제주도 성산일출봉이나 강원도 경포대·정동진 같은 해돋이 명소는 그해 처음 떠오르는 해를 보기 위해 몰려든 사람들로 인산인해를 이루죠. 이번에 저는 해돋이를 보기 위해 울산광역시 울주군에 있는 간절곶을 찾았습니다. 지리적으로 의미가 있으면서 스타벅스와도 함께할 수 있는 곳을 찾아 간절곶으로 떠났죠. 5시간 넘게 도로에서 시간을 보낸 뒤 도착한 간절곶은 생각한 것만큼 흥미로운 공간이었습니다. 동해를 향해 툭 튀어나온 지형인 까닭에 겨울철에 우리나라 육지에서 가장 먼저 해가 뜨는 곳, 해안단구가 만들어 낸 빼어난 경치 등 볼거리, 생각거리가 무척 많았습니다.

우리나라 육지에서 가장 먼저 해가 뜨는 곳은 어디일까?

새해가 다가오면 꼭 하는 몇 가지 일이 있습니다. 먼저 새로운 다이어리를 장만해서 새해에 이루고 싶은 소망을 적습니다. 별것 아닌 듯하지만, 새해의 목표를 정하면 왠지 삶을 대하는 마음가짐이 달라지는 듯하거든요. 그리고 책장도 정리합니다. 그냥 책을 버리기만 하는 게 아니라, 새해에는 어떤 주제의 책을 읽을지도 함께 고민해 보곤 하죠. 그다음 잊지 않고 꼭 하는 일, 바로 해돋이를 보는 것입니다. 반드시 새해 첫날이 아니어도 좋습니다. 1월 즈음 어느 날이든, 동해를 찾아가 해돋이를 보면서 마음을 다잡고 새로운 한 해를 살아갈 기운을 얻습니다.

올해는 해돋이를 보기 위해 울산에 있는 간절곶을 찾아가기로 했습니다. 간절곶은 경상북도 포항의 호미곶과 함께 우리나라에서 가장 먼저 해가 뜨는 곳으로 유명합니다. 하지만 우리나라에서 가장 먼저 해가 뜨는 곳은 사실 독도입니다. 독도가 우리나라의 최동단에 해당하니, 가장 일출이 빠른 곳은 당연히 독도라고 할 수 있죠. 엄밀히 말하면, 호미곶과 간절곶은 우리나라 '육지'에서 가장 먼저 일출을 볼 수 있는 곳입니다. 그런데 왜 가장 먼저 일출을 볼 수 있는 곳이 하나가 아니라 둘이나 되는 걸까요?

우리나라 육지에서 가장 동쪽에 있는 지역은 경상북도 포항시 구룡포읍 석병리입니다. 그 옆에 바로 호미곶이 있죠. 그러니 경도로 따져 볼 때, 우리나라 육지에서 가장 빨리 일출을 볼 수 있는 곳은 최동단이라 할 수 있는 호미곶입니다. 사실 1년 중 대부분은 호미곶에서 해를 먼저 볼 수 있습니다. 하지만 겨울에는 다릅니다. 그 왕좌를 간절곶에 내어 줘서, 새해 첫날 (하필 해돋이가 상징적인 의미를 지닌 날!) 육지에서 일출을 가장 빨리 볼 수 있는 곳은 바로 간절곶이 됩니다. 어떻게 이런 현상이 발생하는 걸까요?

일출을 결정하는 것은 지구와 태양의 거리입니다. 지구는 자전축이 공전 궤도면에 대하여 약 23.5° 기울어진 채로 태양 주위를 공전하고 있다는 사실은 모두 알고 있을 겁니다. 따라서 북반구에 위치한 우리나라는 여름이면 태양이 북반구에 올라와 있어, 남중고도가 높아지면서 그 거리가 가까워집니다. 그러면 태양은 경도상으로 육지의 가장 동쪽인 호미곶을 먼저 찾게 되죠. 하지만 겨울철이면 태양은 남반구에 머물기 때문에, 남중고도가 낮아지면서 그 거리가 멀어집

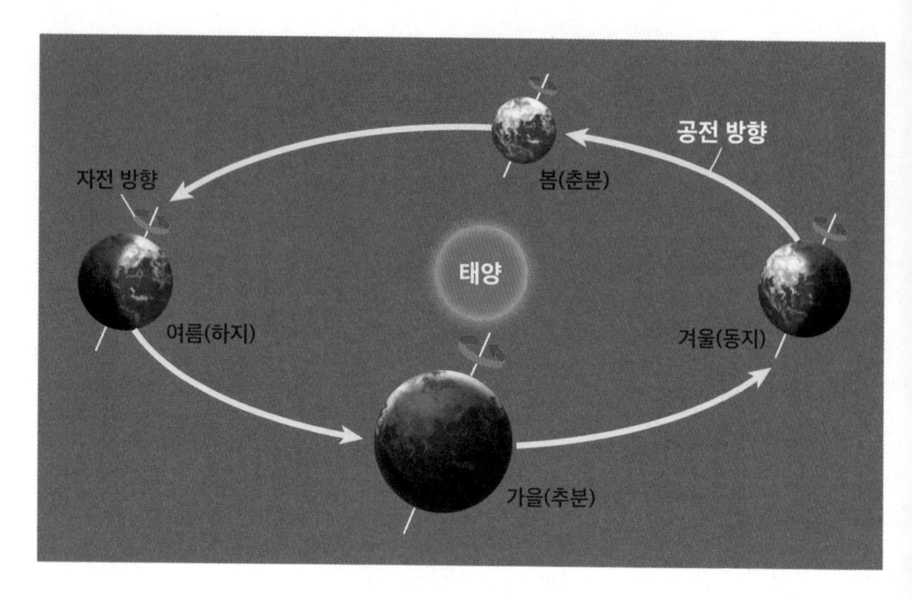

지구의 공전 궤도와 계절의 변화

니다. 이때는 경도뿐 아니라 위도도 영향을 미쳐, 동쪽에 있으면서도 낮은 위도에 있는 간절곶이 태양을 가장 먼저 맞이하게 됩니다. 이는 구글어스 영상으로도 확인할 수 있습니다.

구글어스에서 가상의 지구본을 돌리면 어느 지역이 낮이고 어느 지역이 밤인지 쉽게 확인할 수 있습니다. 주목할 것은 비스듬하게 기울어져 있는 낮과 밤의 경계선입니다. 경계선이 기운 까닭은 지구의 자전축이 기울어져 있기 때문입니다. 지구는 약 23.5° 기울어진 채로 태양 주위를 공전하는 터라, 낮과 밤의 경계선도 북북동-남남서 방향으로 약간 기울어져 나타나죠. 간절곶을 기준으로 해당 방향의 사선을 그어 보면, 대략 울릉도를 지나는 가상의 선을 그릴 수 있습니다. 간절곶보다 훨씬 동쪽에 있는 울릉도의 겨울철 일출 시각이 간절곶과 엇비슷한 이유가 여기에 있습니다.

자연이 빚은 천연 해안 언덕,
그 위에 자리 잡은 울산간절곶점

5시간 넘게 운전을 한 탓에 지칠 대로 지친 터라, 먼저 스타벅스부터 들렀습니다. 스타벅스 울산간절곶R점은 간절곶에서 그리 멀지 않은 곳에 있습니다. 하지만 바다와는 좀 거리가 있어서 2층에 올라가야 살짝 보이는 정도죠. 그래도 바로 앞에 소나무가 울창한 숲을 이루고 있어서 멋진 풍경을 구경할 수 있었습니다. 스타벅스에서 커피를 한잔 마시면서, 내일 아침 일출을 맞이할 간절곶에 대해 살펴봤습니다. 일단 이름이 왜 간절곶인지가 무척 궁금했습니다. 해돋이 때 간절하게 소원을 빌면 꼭 들어줄 것만 같은 이름이라 더 궁금했죠.

하지만 간절곶은 간절함과는 상관없는 이름으로, 간짓대, 곧 높은 곳에 매달린 과일을 따기 위해 대나무로 만든 긴 장대에서 유래한 것이라고 합니다. 고기를 잡으러 나간 어부들이 먼 바다에서 이곳을 바라보면 간짓대처럼 보인다고 해서 이런 이름이 붙었다고 해요. 그만큼 간절곶이 해안을 향해 돌출되어 있다는 의미도 될 듯합니다.

사실 곶(串)이라는 말도 '육지가 해안을 향해 돌출한 지역'이라는

울산광역시 울주군 서생면 대송리에 있는 간절곶. 고기를 잡으러 나간 어부들이 먼 바다에서 이곳을 바라보면 간짓대처럼 보인다고 해서 이런 이름이 붙었다.

뜻을 지니고 있습니다. 곶의 한자는 꼬챙이로 물건을 꿴 모습을 형상화한 것이에요. 어묵을 꿴 꼬치처럼 육지가 바다 쪽으로 길게 돌출된 모습을 연상하면, 곶의 이미지가 머릿속에 쉽게 들어올 겁니다. 곶을 영어로 헤드랜드(headland)라고 하는데, 이 역시 바다를 향해 돌출한 지형임을 뜻합니다.

해안 지형에서 곶의 존재는 침식과 연관이 있습니다. 바다를 향해 돌출한 곶은 일정하게 해안으로 밀려오는 파랑에너지(파도에서 발생하는 에너지)의 집중을 유도해요. 그래서 침식이 잦고 암초가 많죠. (반대로 육지 쪽으로 들어간 '만'은 파랑에너지가 분산되어 퇴적이 활발하게 일어납니다.) 해수욕장에서 바다를 향해 돌출한 부분을 보면 깎아 지른 듯한 절벽을 흔히 볼 수 있어요. 수직 절벽의 암반과 홀로 남은 돌기둥은 곶에서만 관

찰할 수 있는 경관의 핵심 포인트죠. 곶은 이런 특이한 풍경을 두루 갖춘 덕에 관광지로 인기 만점입니다.

간절곶의 큰 그림을 '곶'이라는 지형 요소로 그렸다면, 스타벅스 울산간절곶점의 자리는 해안단구(海岸段丘)로 그릴 수 있습니다. 해안단구는 문자 그대로 해안에 있는 계단 모양의 언덕을 뜻해요. 인위적으로 주춧돌을 놓아 조성한 게 아닌, 자연이 빚은 천연 해안 언덕이라는 의미죠. 마치 어느 정도 설계를 마치고 시공한 것처럼 모양도 예쁩니다. 이런 해안단구는 어떻게 만들어질까요?

해안단구를 이해하려면 곶의 과거를 더듬어야 합니다. 침식이 활발한 곳에서는 해식 절벽의 발달이 탁월합니다. 그런데 해식 절벽은 균질한 하나의 덩어리로 이루어지지 않았어요. 다양한 방향에서 힘을 받아 갈라진 틈이 많이 존재하죠. 결국 침식이 진행되는 와중에 갈라진 자리를 만나면 절벽은 와르르 무너져 내리고 맙니다. 그렇게 무너진 절벽은 바닥에 쌓여 파도의 들고 남에 둥근 자갈로 남습니다.

이런 과정이 반복되어 해안 절벽이 꽤 뒤로 밀려나면 그 주변에는 넓고 평탄한 침식지형이 만들어집니다. 이를 파도가 깎아서 만든 지형이라는 뜻에서 '파식대(波蝕臺)'라 부릅니다. 요컨대 곶의 후퇴가 활발할수록 파식대는 넓어지는 구조라 할 수 있습니다.

동해안 전반에 걸쳐 넓어진 파식대는 신생대 제3기에 들어 경동성 요곡 운동(147~150쪽 참조)을 받습니다. 경동성 요곡 운동은 동해 지각이 확장하는 힘을 받아, 동해안에 치우쳐 땅이 들어 올려진 경우입니다. 물론 엘리베이터를 타고 고층으로 이동하는 것처럼 땅이 갑자기 솟아오르는 것은 아닙니다. 지질학적 스케일에서 조금씩 천천히 올라 해안단구로 변모하게 되는 거죠.

해안단구에 있는 스타벅스 울산간절곶점은 경관이 빼어납니다. 해안단구의 모양을 머릿속에 그려 보면 쉽게 짐작할 수 있습니다. 바다를 향해 돌출한 육지이고, 주변보다 고도가 높으며 평탄한 공간이라 시야를 방해하는 간섭 요인이 적습니다. 바다를 향해 탁 트인 시야가 확보된 자리는 목적이 무엇이든지 간에 사랑받을 수밖에 없습니다. 그래서 스타벅스 주변으로는 여러 카페와 숙박지가 즐비합니다. 그중에 특별히 흥미로운 시설을 꼽자면, 아무래도 등대입니다. 역설적으로 이곳의 랜드마크는 스타벅스가 아니라 간절곶 등대라 할 수 있습니다.

곶과 해안단구,
등대의 자리

간절곶의 랜드마크인 등대를 보기 위해 스타벅스를 나섰습니다. 스타벅스에서 2분 정도만 걸어가면 하얀색 등대를 만날 수 있습니다.

새파란 하늘에 새하얀 등대가 서 있는 모습은 마치 사진의 한 장면 같았어요. 간절곶 등대 주변은 관리가 잘되어 있어서, 잠시 쉬어 가기에 좋았죠. 적당한 언덕과 시원한 바다, 그곳의 지키는 등대를 바라보며 잠시 생각에 잠겼습니다.

등대는 사람을 불러 모으는 힘이 있습니다. 육지에서 한 걸음 바다로 나간 자리에 오래도록 머무는 등대는 그 자체로 하나의 이야기가 됩니다. 뱃길을 안내하는 항로표지의 기능이 오히려 등대의 부차적인 소임으로 인식될 정도예요. 등대를 바라보는 사람은 이야기를 만들고, 등대의 자리는 이야기에 살을 덧댑니다. 고대 이집트 알렉산드리아를 밝혔던 파로스등대[15]는 존재만으로도 많은 이에게 영감을 불러일으켜 그 자체로 신화가 되기도 했습니다.

간절곶 등대가 그렇습니다. 일제강점기인 1920년에 들어선 간절곶 등대의 소임은 울산항을 드나드는 배의 안전 지킴이였습니다. 오랜 시간 뱃사람의 안전을 든든하게 책임져 왔죠. 이와 동시에 간절곶 등대는 많은 사람의 이야기 소재가 되어서, 시나 소설에 담기기도 했습니다. 그렇게 새하얀 간절곶 등대는 그림 같은 풍광을 자랑하는 간절곶에서 한 세기가 넘도록 자연을 마주하고 있습니다.

15 기원전 280~기원전 250년 무렵 이집트 알렉산드리아 파로스섬에 세워진 세계 최초의 등대. 높이가 135m나 되는 거대한 건축물로, 당시의 기술로 어떻게 이 등대를 세웠는지, 정확히 어떤 방법으로 불을 밝혔는지에 대해 알려진 내용이 없어 세계 7대 불가사의 중 하나로 꼽힌다.

간절곶의 랜드마크인 등대. 동해안의 등대는 모두 해안 '곶' 지형에 놓여 있다는 공통점이 있고, 이들 중 상당수는 해안단구에 있다.

간절곶 등대가 그렇듯, 해안단구에 있는 등대는 멋있습니다. 우아한 굴곡이 아름다운 언덕, 푸른 잔디 위에 놓인 하얀색 등대는 그 자체로 그림 같은 풍경을 연출하죠. 그런데 등대가 왜 굳이 해안단구가 존재하는 곳에 있어야 하는지, 그 근거는 명확하지 않습니다. 하지만 바다로 돌출한 높고 평탄한 대지가 등대에 더할 나위 없는 자리임은 분명합니다. 곶과 해안단구 앞에는 파랑의 침식으로 만들어진 암초가 있고, 아슬아슬한 해식 절벽이 뱃사람을 위협합니다. 등대 스스로는 위험으로부터 안전한 곳에 위치하되, 뱃사람에겐 위험한 난코스를 집중적으로 알리는 전략을 구사한 셈이죠.

시야를 넓혀 동해안의 등대를 살펴보면, 해안단구와 등대가 얼마나 찰떡궁합인지 알 수 있습니다. 대진 등대, 거진 등대, 주문진 등대, 죽변 등대, 후포 등대, 호미곶 등대 등은 모두 해안 '곶' 지형에 놓여 있다는 공통점이 있고, 이들 중 상당수는 해안단구에 있습니다. 간절곶 등대와 공간의 문법이 정확히 일치하죠. 등대의 자리는 곶의 자리요, 해안단구의 자리라 할 수 있습니다.

해안에서 봉수가 위치하기에 좋은 자리, 곶

곶과 해안단구는 그 지리적 이점이 탁월해서 조선 시대에도 남다르게 쓰였습니다. 특히 해안과 항구를 내려다볼 수 있는 자리여서 군사 시설과 통신 시설이 들어서는 경우가 많았죠. 그중에서도 통신 기능을 담당하는 봉수대가 인상적입니다. 봉수(烽燧)는 불이나 연기를 피워 각종 정보를 알리는 데 목적이 있습니다.

봉수대는 주변에서 쉽게 볼 수 있는, 시야가 탁 트인 자리에 설치되었습니다. 산이 많은 곳에서는 시야가 확보된 7부 능선 정도에 설치했고, 하천이 지나는 곳에서는 독립된 언덕이 그 역할을 담당했죠. 해안에서라면 아무래도 '곶'이 봉수대를 설치하기에 좋은 자리였습니다.

스타벅스 울산간절곶점의 뒤를 받치는 산의 이름은 봉화산(높이 117.5m)입니다. 봉화산은 이름에서부터 봉수대가 있었던 자리임을 알립니다. 한반도 곳곳에는 봉화산으로 불리는 산이 제법 많습니다. 지역을 막론하고 봉수 기능을 담당하는 곳이라면, 굳이 이름을 달리 지어 혼란을 일으킬 필요가 없었던 까닭입니다. 요즘으로 치면 요충지마다 설치된 기지국의 자리와 유사합니다. 기지국의 임무가 탁 트인 자리에서 전파를 받아 주변 지역으로 전달하는 역할임을 상기한다면, 기지국과 봉수는 여러모로 닮았습니다.

『대동여지도』를 보면 봉화산의 본래 이름이 이길(爾吉)임을 알 수 있습니다. 이길봉수대 아래와 위로는 각각 5.8km 떨어진 아이봉수대와 4.2km 떨어진 하산봉수대가 있었습니다. 이길봉수대는 남서쪽에 있는 아이봉수대에서 봉수를 받아 하산봉수대로 신호를 보냈죠. 생각하면 해안에서 봉수를 놓을 자리로 곶과 해안단구만 한 곳이 없습니다. 스스로를 드러내 위험을 알려야 하는 봉수의 소임은 등대의 설치 목적과 같습니다. 그래서 둘의 자리는 같습니다.

간절곶에서
일출을 맞이하다

새벽에 일어나 일출을 보기 위해 다시 간절곶으로 향했습니다. 오늘 간절곶에서 해가 뜬 시각은 새벽 6시 20분으로, 호미곶보다 1분 정도 빨랐다고 합니다. 간절곶과 호미곶은 여전히 우리나라 육지에서 가장 빨리 일출을 볼 수 있는 곳이라는 타이틀을 놓고 다투고 있습니다. 하지만 보는 사람 입장에서야 무슨 상관이 있을까요.

내년에는 호미곶에 가서 일출을 봐야겠습니다. 재미있게도, 간절곶과 호미곶은 비슷한 점이 많다고 합니다. 모두 바다를 향해 돌출해 있어서 시야가 탁 트여 해돋이를 보기에 좋습니다. 두 곳 모두 등대박물관이 있고, 표지관리소가 운영됩니다. 나아가 두 곳 모두 봉수대가 있었습니다. 간절곶에는 이길봉수대, 호미곶에는 발산봉수대가 운영되었죠. 이들 공간의 뒤를 받치는 산이자 봉수대가 위치했던 산의 이름도 모두 봉화산으로 동일합니다. 심지어 높이도 120m 정도로 비슷하죠.

간절곶에서 바라본 일출. 겨울철 간절곶에서는 우리나라 육지에서 가장 먼저 해가 뜨는 장관을 볼 수 있다.

곶과 해안단구의 조합으로 중무장한 간절곶과 호미곶은 사람을 불러 모으기에 안성맞춤인 공간입니다. 두 곳 모두 카페와 숙박업소가 즐비하고 멋들어진 해안 산책로가 마련되어 있죠. 한 가지 차이점이 있다면 스타벅스의 유무라고나 할까요? 스타벅스는 간절곶에만 있습니다. 확실한 것은 호미곶 역시 스타벅스가 탐낼 만한 자리라는 사실입니다. 어떤 이유에서든 스타벅스가 호미곶에 입점한다면, 흥미로운 지리적 데칼코마니가 완성되는 셈이 아닐까 합니다.

역사와 간척의 도시, 군산

군산대점

군산은 '1930년대 우리나라의 근대 역사를 간직한 곳'으로 잘 알려져 있습니다. 일제강점기 때 비옥한 호남 지역의 쌀을 일본으로 수탈해 가기 위한 항구로 이용되면서, 많은 일본인이 이곳에 터를 잡고 살았죠. 심지어 한국인보다 일본인이 더 많이 살았던 시기도 있었다고 합니다. 그래서 군산에는 일본식 가옥(적산 가옥)과 근대 건축물이 아직도 곳곳에 남아 있어 아픈 역사를 느끼게 합니다. 이번엔 군산으로 떠나서 스타벅스 군산대점을 들렀습니다. 스타벅스 군산대점 근처에는 미제저수지가 있는데, 군산의 지형과 역사를 살펴보기에 무척 좋은 곳이죠. 오랜 세월 그 자리를 지켜 온 저수지는 이제 관광지가 되어 많은 사람을 반갑게 맞아 주고 있었습니다.

우리나라의 근대 역사를 간직한 곳,
군산

여행을 떠나서 새로운 곳에 가면 가끔 이상한 느낌이 들 때가 있습니다. 내가 지금 있는 여기가 꿈인지 현실인지 헷갈릴 때도 있고요. 어느 소도시에 갔을 때의 일입니다. 정신없이 바쁜 일상을 보내다 멀리 남해안으로 가족들과 휴가를 떠났는데, 그곳에서 참 희한한 경험을 했습니다. 모든 차가 천천히 달리고, 사람들은 편안하고 느긋하게 일상을 즐기고, 심지어 파도도 느리게 치더라고요. 꼭 시간 왜곡 현상이 일어난 듯, 다른 세상에 와 있는 듯 느껴졌습니다.

어떤 때는 시간 여행자가 된 듯한 느낌이 들 때도 있습니다. 앞서 문경새재를 갔을 때가 그랬습니다. 조선 시대 수많은 사람이 오갔던 길을 거닐며 '옛사람들도 나처럼 굽이굽이 산길을 걸었겠구나' 하고 생각하니, 주변에 있는 바위 하나, 그루터기 하나도 예사롭게 보이지

미제저수지에 조성된 은파호수공원. 미제저수지는 군산에서 대대적인 간척 사업이 시작되기 전에 조성된 저수지로, 그 역사가 무척 오래된 곳이다.

않았죠.

그런데 문경새재보다 더 시간 여행을 떠난 것 같은 느낌이 드는 도시가 있습니다. 군산이 바로 그곳입니다. 군산은 '우리나라의 근대 역사를 간직한 곳'으로 유명합니다. 일본식 가옥, 일본식 사찰 등 근대 건축물이 곳곳에 남아 있어 지금도 그 아픈 역사를 되새기게 해 줍니다.

군산시에 도착해 스타벅스로 향하니, 갑자기 도로 한쪽으로 푸른 잔디밭이 펼쳐졌습니다. 공원이라도 있나 싶어 네비게이션을 보니 군산대학교가 자리하고 있었죠. 지금까지 대학교는 담장이 둘러 있어 함부로 들어갈 수 없다는 이미지가 강했는데, 마치 도시와 하나인 듯 열려 있는 대학 캠퍼스가 상당히 인상적이었습니다. 근처 주거지와 상가, 대학이 공동체처럼 느껴져서, 그 사이에 있는 스타벅스가 꼭 대학 캠퍼스 안에 있는 듯 생각되었죠.

스타벅스 군산대점에 도착해, 오늘 군산에서 돌아볼 곳을 지도에서 살펴보았습니다. 군산에서는 이곳을 찾아온 가장 중요한 목적인 저수지들을 둘러보고, 저수지와 관련된 역사 및 지형을 알아볼 계획입니다. 스타벅스는 대학가에 위치한 곳답게 공부하는 사람들로 가득했어요. 유동인구가 많지 않을 거라는 예상과는 달리, 카페 안은 손님들로 가득 차 있었습니다.

일제강점기 군산,
작은 일본이 되다

스타벅스를 나서서 먼저 미제저수지로 향했습니다. 미제저수지는 군산에서 대대적인 간척 사업이 시작되기 전에 조성된 저수지로, 그 역사가 무척 오래된 곳입니다. 지금은 저수지를 중심으로 주변에 은파호수공원이라는 테마 공원이 조성되어 있죠. 그 밖에 큰 저수지로는 옥구저수지와 옥녀저수지가 있는데, 두 곳 모두 간척 사업 이후에 조성된 저수지입니다. 군산은 많은 이야기를 간직한 도시입니다.

이제부터 그 이야기를 해 보려고 합니다.

일본 제국주의 시절 군산은 남다른 존재감을 뽐냈습니다. 기실 조선 시대까지만 해도 금강 유역에서 가장 뜨거웠던 지역은 군산이 아니었습니다. 금강 하구에 있는 군산에서 조금 더 상류로 거슬러 오르면 만날 수 있는 강경이 지역의 맹주였죠. 강경은 조선 시대 3대 시장 중 하나로 불릴 정도로 세가 컸습니다. 강경은 금강 상류에서 하류 지역의 물산을 아우르던 거대 집산지였어요. 하지만 일제강점기 내륙 수운 교통의 쇠락으로 강경은 옛 영화를 잃었고, 군산은 날개를 달았습니다.

일제의 간택을 받은 군산에는 제대로 된 항만 시설과 철도 인프라가 확충되었습니다. 일제가 군산을 선택한 가장 중요한 목적은 곡물 수탈이었습니다. 조선 시대까지는 곡물을 모아 조정으로 향하던 거점이 강경이었지만, 일제강점기 이후로는 군산이 그 역할을 수행했죠. 특히 러일전쟁의 영향이 컸습니다. 전장으로 빠르게 식량을 보급하기 위해 필요한 것은 속도였어요. 바다와 직접 맞닿아 있고 넓은 곡창지대인 호남평야를 곁에 둔 군산은 일제에 여러모로 매력적인 공간이었죠.

일제강점기 시절 군산은 일본인이 많이 유입되었고 돈이 활발히 돌았습니다. 군산에서 내로라하는 자본가는 일본식 가옥을 지어 지배자의 위세를 뽐냈고, 활발한 자본의 유통은 신식으로 지어진 은행이 감당했죠. 군산의 경관과 도시 시스템은 작은 일본처럼 변해 갔고,

일제강점기 시절 군산에는 일본인이 많이 유입되었는데, 군산에서 내로라하는 자본가는 일본식 가옥을 지어 지배자의 위세를 뽐냈다. 사진은 군산 신흥동에 있는 가옥으로, 포목점을 운영하던 히로쓰 게이샤브로가 지은 것이다.

항만과 가깝고 인프라 구축이 활발했던 노른자위 땅은 일본인 차지가 되었습니다. 조선인은 군산의 주변부로 밀려나 낙후된 공간에 살며, 군산항의 하급 노동자나 일본인의 노무자로 전락했어요. 군산은 지배와 피지배의 식민 논리가 투영된 여느 식민 도시와 다를 바 없었습니다.

군산에서 태어난 소설가 채만식(1902~1950)은 일제강점기를 살아가며 식민 지배에 분노했습니다. 그는 펜의 힘을 빌려, 당시 일제가 군산을 어떻게 유린했는지, 그리고 조선인의 삶이 얼마나 곤궁했는

군산 내항 뜬다리 부두. 간조와 만조의 수위 변화에 관계없이 대형 선박을 접안시키기 위해 만든 시설물로 일제가 미곡을 쉽게 반출하기 위해 만든 것이다.

지를 『탁류(濁流)』에서 낱낱이 보여 줬습니다. 아마도 그는 미곡 적출항의 활기를 상징하는 뜬다리 부두에서 금강 하구의 '탁류'를 보았을 겁니다. 부유 물질이 많아 혼탁한 강물이 당시 조선이 처한 현실이라고 자조하지 않았을까요. 하지만 인간은 적응의 동물이라고 하죠. 탁류가 오래면 그게 본래 맑은 물인지 흙탕물인지 분간하는 힘이 떨어진다는 겁니다. 훗날 친일로 입장을 바꾼 채만식은 일제의 탁류에 편승하고 말았습니다. 금강 하구의 군산은 그렇게 일제의 완연한 식민도시가 되어 갔습니다.

대대적인 간척 사업으로 새 땅을 창조하다

군산이 완연한 식민 도시로서 쓰임새를 다하기 시작한 것은 대대적인 간척이 시작되면서부터입니다. 서해는 조수간만의 차가 크고 하천 공급 물질이 많아 갯벌의 발달이 탁월합니다. 육지를 향해 움푹 감싸듯 들어간 지형 조건이면 대부분 미립토가 쌓여 갯벌을 이뤘죠. 금강 하구의 군산도 그랬습니다.

군산의 갯벌은 조선 시대까지만 하더라도 낮은 구릉과 야트막한 산을 끼고 조금씩 땅을 일구는 방식으로 농지가 되었습니다. 마을 주민이 농사지을 정도로만 간척하는 일은 별로 품이 들지 않는 일이라 자연스럽게 이루어졌죠. 하지만 일제강점기에 접어들어 식량 증산의 목적이 뚜렷해지자, 이는 대규모 간척으로 바뀌었습니다.

군산의 대대적인 간척 사업은 1920년대부터 본격적으로 시작됐습니다. 지금의 옥구평야가 시발점으로, 금강과 만경강 주변의 갈대밭이 농지로 바뀌었죠. 일제가 물러간 뒤에도 군산 일대는 농지 확보를 위해 꾸준히 간척이 이루어졌습니다. 산업화가 궤도에 오른 1970년대는 공업 부지 확보를 위한 북서부 지역의 간척이 주를 이뤘고요.

간척 이전의 군산의 모습을 더듬는 일은 어렵지 않습니다. 이곳저곳에 독립된 채로 남은 구릉지만 남기고 사이사이의 평야를 모조리 걷어 내면, 그 공간이 바로 군산의 원형입니다. 간척지를 걷어 낸

간척지를 걷어 낸 군산의 원형은 너무 작아서 놀라울 정도다. 지금의 월명공원에서 군산대학교로 이어지는 연속된 구릉 지대와 옥구읍 일대, 오성산 일대의 구릉열을 제외하면 이렇다 할 땅이 별로 없다. 미제저수지 서쪽의 생활공간은 대부분 섬이었다.

군산의 원형은 너무 작아서 놀라울 정도입니다. 지금의 월명공원에서 군산대학교로 이어지는 연속된 구릉 지대와 옥구읍 일대, 오성산 일대의 구릉열을 제외하면 이렇다 할 땅이 별로 없죠. 그런 생각으로 지도를 살피다 보면, 스타벅스 군산대점 근처에 있는 미제저수지에 눈길이 갑니다.

미제저수지는 역사가 깊습니다. 조선 전기 『신증동국여지승람』에도, 조선 후기 『대동여지도』에도 당당히 이름을 올리고 있죠. 본래 이름은 미제지(米堤池)로, '쌀 미(米)'와 '둑 제(堤)' 합성어인 '미제'는 우리 말로 '쌀물방죽'이라고 합니다. 이름처럼 쌀을 재배하기 위해 조성한 저수지의 필요성은 주변의 간척 평야를 보면 수긍이 갑니다. 조선 시대 낮은 구릉 사이를 막아 가둔 미제저수지의 물은 간척 농지로 이동해 벼의 피와 살이 되었습니다.

동부 산지의 물이 저수지로 흘러들다

앞서 살펴보았듯 미제저수지의 위치는 군산이 대대적인 간척 사업을 하기 전, 원형의 공간에 해당합니다. 그렇다면 간척지 중간에 만들어져 있는 거대한 옥구저수지, 옥녀저수지는 어떻게 이해해야 할까요? 주변에 이렇다 할 하천이 없는데, 어떻게 넓은 저수지가 만들어졌고 또 유지될 수 있느냐는 뜻입니다. 바닷물을 끌어다가 농업용수로 활용할 수는 없을 테니, 이 물은 분명 담수입니다. 그렇다면 이 물은 어디서 온 걸까요?

놀랍게도 답은 저 멀리 배후산지에 있습니다. 군산에서 정확히 동쪽을 향해 1시간 정도 달리다 보면, 전라북도 완주군 일대에서 대아저수지를 만납니다. 대아저수지는 1922년 일제가 설계한 대규모 저수지로, 그 목적은 옥구 반도 일대에 농업용수를 공급하기 위해서였습니다. 간척을 통해 넓고 고른 양질의 농경지를 확보할 수 있지만, 물이 없다면 모든 게 헛수고예요. 군산 일대의 간척지가 그렇습니다. 평야는 넓은데 충분한 물을 공급할 만한 하천이 없죠. 호남평야를 지나는 만경강과 동진강은 워낙 유량이 적고 들쭉날쭉해서 큰 도움이 되지 못했습니다. 그래서 당시 옥구저수지를 조성했던 일제는 시선을 동부 산지로 돌렸습니다.

대아저수지가 조성된 동부 산지의 기반암은 퇴적암 계열이 많습니다. 퇴적암은 오랜 시간 물질이 켜켜이 쌓이면서 층리가 발달하고, 풍화된 물질은 물 빠짐이 어려운 미립토가 대부분이죠. 수평으로 발달한 층리는 물이 오랜 시간 머물도록 강제하는 효과를 주어, 퇴적암이 기반암인 산지에선 나무가 잘 자라고 산지 사면의 식생 밀도가 높습니다. 이러한 환경 조건은 자연스럽게 '녹색 댐 효과'로 이어집니다. 뿌리에 물을 오래도록 저장할 수 있는 나무가 많아 물의 유출을 지연시키는 효과를 누릴 수 있죠. 대아저수지가 군산 일대의 거대 저수지에 물을 안정적으로 공급할 수 있는 까닭입니다.[16]

시야를 넓히면 전라북도 부안의 청호저수지가 눈에 들어옵니다. 청호저수지는 1960년대 제1차 경제개발 5개년 사업으로 일군 계화

16 옥구저수지의 거대 담수는 기본적으로 만경강의 수원지를 막아 조성한 동부 산지의 대아저수지의 물로 채운다. 약 70km에 이르는 수로를 따라 이동한 물은 옥구저수지에 차곡차곡 쌓인다. 최근에는 금강하굿둑 건설로 조성한 금강호의 물까지 옥구저수지로 끌어들이고 있어, 더욱 안정적인 물 자원 확보가 가능하게 되었다.

군산에 있는 옥구저수지와 옥녀저수지, 부안에 있는 청호저수지의 물은 각각 동부 산지에 위치한 대아저수지, 옥정호에서 공급하는 것이다.

도 간척지 평야에 물을 대기 위해 조성된 인공호입니다. 군산의 옥구저수지처럼 바다와 매우 가까이 있어, 저수지의 존재를 의심할 수밖에 없습니다. 이 물이 어디서 왔을지 궁금하다면, 역시나 동부 산지로 눈을 돌리면 됩니다.

전라북도 정읍시 태인면을 지나 산지 사이를 가로지르면, 거대한 옥정호를 만납니다. 옥정호는 섬진강 상류에 조성된 저수지죠. 섬진강 물줄기는 전라남도 광양 앞바다로 흐릅니다. 섬진강은 전라북도의 평야 지대와는 만날 일이 없는 하천이지만, 하천의 물길을 돌리는 방법이 있습니다. 옥정호 담수의 일부는 수로관을 통해 전라북도 정읍시 칠보면을 지나 부안군의 청호저수지로 이동합니다. 대아저수지처럼 산지의 물을 평지에 공급하는 방식을 취하는 겁니다. 그렇다면 옥정호를 둘러싼 산지의 기반암도 퇴적암류에 해당할까요? 그렇습니다. 대아저수지와 옥정호를 둘러싼 산지의 기반암은 동일합니다.

이와 같은 지리적 관계 짓기는 의미하는 바가 큽니다. 환경과 인간을 제대로 알고 국토를 개발하면 많은 이득을 얻을 수 있습니다. 땅의 체질을 제대로 진단해 적절하게 통제하면, 인간과 자연 모두에게 이로운 시너지 효과를 구현할 수 있다는 겁니다.

일제,
물길을 돌려 식량 생산을 꾀하다

일제는 군산 외에도 여러 곳에서 하천의 물길을 돌리거나 새롭게 만들어 농업용수를 확보했습니다. 대표적인 예가 바로 전라남도 보성입니다. 전라남도 보성에 가면 득량면 일대를 간척해 조성한 득량만 간척지(예당평야)를 만납니다. 한반도를 철저하게 대륙 침략의 발판이자 전쟁 물자와 식량 기지로 여긴 일제는, 틈만 나면 수탈의 기회를 엿봤어요. 당시 양질의 갯벌이 발달해 있던 득량면은 일제가 경전선을 놓은 목적에 부합하는 공간이었죠.

경전선은 전라도 광주와 경상도 부산을 잇는 철도 노선이었습니다. 이 노선은 광주 일대의 미곡을 부산으로 가져와 더 효율적으로 본국으로 빼 가는 데 목적이 있었습니다. 경전선의 중간 즈음엔 득량만 갯벌이 있었고, 일제는 이 갯벌을 간척해 미곡 생산 기지로 활용할 계획을 세웠습니다.

확실한 식량 기지 확보에 대한 청사진이 그려지자 일제는 발 빠르게 움직였습니다. 우선 대규모 방조제를 놓아 갯벌을 육지로 만들었습니다. 그리고 물 공급을 위해 역설적으로 배후산지의 건너편 보성강에 댐을 건설해 저수지를 만들었죠. 보성강은 득량면 일대와는 관계가 없는 전혀 다른 물길이었지만, 득량면 방향보다 산지 사면의 경사도가 낮아 많은 물을 저장할 수 있는 공간이었습니다. 물길을 돌리고 산지 밑에 저수지를 여럿 놓아 농번기에 대비하는 전략이었죠. 이 전략은 주효했고 득량만은 남도 일대의 대표적인 곡창지대로 성장했습니다.

수자원이 풍부한 지역의 물길을 상대적으로 부족한 지역으로 돌리는 전략은 시대를 막론하고 꽤 유용했습니다. 물은 실리를 넘어 인간의 의식주를 관장하는 매우 중요한 자원이므로, 물이 부족한 곳에서는 이를 얻기 위해 필사적인 전략을 구상해 왔습니다. 한반도처럼 여름 한철 많은 물을 확보할 수 있는 곳에서는 관개시설에, 사막이나 섬처럼 연중 물을 기대하기 힘든 곳에서는 지하수 개발에 지대한 관심을 가져왔죠. 우리나라에선 지표수가 부족해 지하에 물이 고이는 땅의 성정을 가진 제주가 그랬고, 울릉도가 그랬습니다. 인간과 대지는 그렇게 진화했고, 앞으로도 그렇게 진화할 수밖에 없는 운명 공동체인 셈입니다.

새만금 사업,
그 해법은 무엇일까?

옥구저수지와 옥녀저수지를 둘러보고, 다시 스타벅스 군산대점으로 향했습니다. 커피를 마시며 군산의 미래에 대해 생각해 보았죠.

우리나라가 산업화를 겪는 시기에, 군산은 간척 사업을 통해 대규모 공단 부지를 마련했고, 내친김에 단군 이래 최대의 토목공사라고 불리는 새만금 간척지를 조성했습니다. 고군산군도를 기점으로 호남평야의 입구를 통째로 막아 막대한 토지를 확보하려는 시도는 간척의 도시 군산이라서 어색하지는 않습니다.

하지만 몇 가지 문제가 있습니다. 새만금은 '전라북도의 만경강과 동진강의 하구를 방조제로 막은 뒤 내부를 매립하는 간척 사업'으로, 사실 그 지역이 군산시와 김제시, 부안군에 걸쳐 있습니다. 그래서 지금까지도 행정구역 지정을 놓고 세 지방자치단체가 치열한 분쟁을 벌이고 있죠. 조금이라도 더 많은 땅을 얻기 위해 세 지자체가 법정 다툼까지 불사하고 있는 실정입니다.

새만금 간척 사업은 부안~군산을 연결해 길이 33.9km에 이르는 방조제(사진)를 축조하여 약 4만 ha의 간척지를 조성하는 대단위 국토 개발이다. 여기에 농업 용지, 공업 단지, 관광 단지, 수산 양식 단지 등을 건설할 예정이다.

또 다른 문제는 수자원에 있습니다. 옥구, 계화도 간척지의 수십 배에 달하는 새만금 간척 사업이 완료되면, 그곳에 필요한 물은 어디에서 끌어와야 할까요? 새만금 사업이 처음 목표한 대로 이용된다면 엄청난 물의 압박을 받을 게 뻔합니다. 생각이 여기에 미치면 눈길은 자연스레 동부 산지를 향합니다. 과연 동부 산지는 갈증으로 몸살을 앓을 그 넓은 새만금 땅을 포용해 줄까요? 현재 정부는 동부 산지에서 흘러오는 만경강과 동진강 하구를 새만금 방조제로 막아 새만금호를 만든 상태입니다. 그러나 만경강과 동진강에서 내려오는 물이 얼마 되지 않는 데다 새만금호의 크기가 워낙 커서 문제가 되고 있습니다. 새만금호에 물이 머무는 시간이 길어지면서 수질이 오염되고 있는 거죠.

현재 새만금호는 계속해서 수질 개선 작업이 진행 중입니다. 그 덕분에 지금은 농업용수로 사용할 수 있는 정도까지 수질이 좋아진 상태라고 해요. 하지만 아직 갈 길이 멉니다. 새만금 간척 사업이 성공하기 위해선 더 많은 물을 동부 산지에서 끌어오든, 더 많은 바닷물을 새만금호로 끌어들이든, 어떻게든 새만금호의 수질이 나빠지지 않도록 지혜를 모아야 할 때입니다.

스타벅스와
함께하는
세계지리
#튀르키예

터키, '튀르키예'로 나라 이름을 바꾸다

2022년 6월, 터키가 국명을 튀르키예(Türkiye)로 바꿨다는 소식이 전해졌습니다. 터키가 널리 알려진 국명을 바꾼 데는 그만한 이유가 있을 겁니다. 과연 그 이유는 무엇일까요? 튀르키예는 '튀르크인의 땅'이라는 뜻으로, 터키 사람들이 터키어로 자신의 나라를 부르는 말입니다. 터키는 영어식 표현이고요. 터키가 국명을 변경한 이유는 국가의 이미지를 실추시키기 때문이라고 합니다. 영어권에서 '터키'라는 단어는 '칠면조', '겁쟁이', '실패자'라는 뜻으로 쓰입니다. 하지만 정작 터키라는 국명의 어원인 '튀르크'는 '용감한'이라는 뜻을 가진 단어죠. 즉 실제 의미와는 정반대로 불렀던 셈입니다.

튀르키예의 수도는 앙카라지만, 가장 유명한 도시는 아무래도 이스탄불입니다. 이스탄불은 '유럽과 아시아 대륙의 경계'라는 흥미로운 타이틀을 가지고 있습니다. 이 때문에 과거 그리스에서

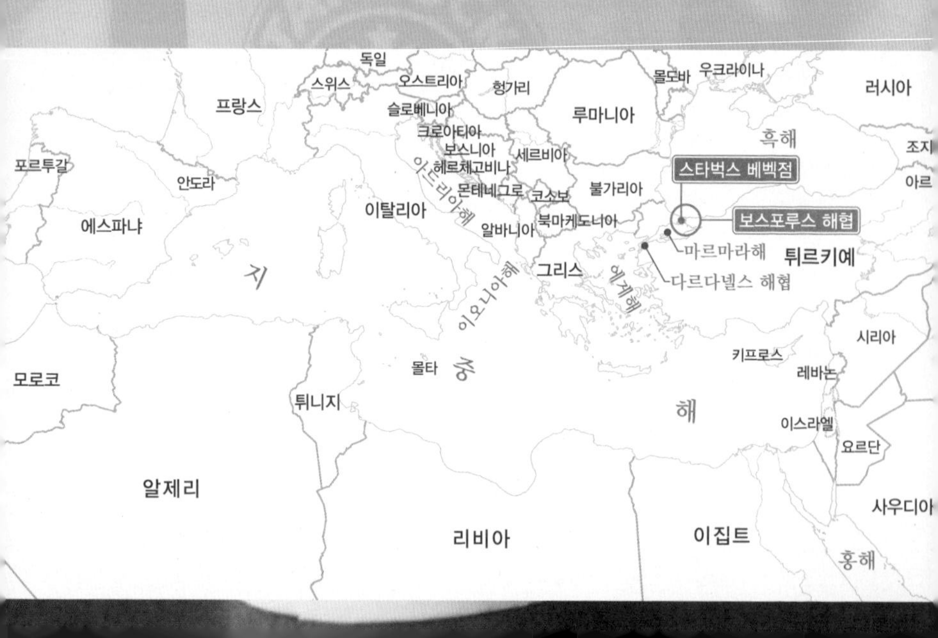

튀르키예 이스탄불에 있는 아야 소피아.
1,500년 전 원래 그리스정교회 성당으로 지어졌지만, 1453년 이슬람 국가인 오스만제국이 콘스탄티노플(현재 이스탄불)을 정복한 후 모스크로 개조했다. 1934년부터는 박물관으로 쓰이고 있었는데, 2020년 튀르키예는 이를 다시 모스크로 전환했다.

동로마제국, 동로마제국에서 오스만제국으로 여러 번 땅 주인이 바뀌기도 했죠. 그 과정에서 기독교 문화와 이슬람 문화가 공간을 주거니 받거니 하면서, 이질적인 문화의 융합이 만들어졌어요. 공간에 아로새겨진 역사적 줄다리기의 흔적은 이스탄불의 랜드마크인 아야 소피아에 남아 수많은 관광객의 발길을 불러 모으고 있습니다.

세계에서 가장 경관이 아름다운 스타벅스

이스탄불에서 꽤 유명한 베벡(Bebek)의 스타벅스는 아야 소피아가 굽어보는 보스포루스 해협을 흑해 쪽으로 따라 올라가면 만날 수 있습니다. 스타벅스 베벡은 '세계에서 가장 아름다운 스타벅스'라는 별칭이 있어요. 아름다움에 관한 기준은 사람마다 다를

테지만, 적어도 스타벅스 베벡에서 커피 한 잔 값으로 마주하는 경관은 세계에서 손꼽힐 만하죠. 커피를 받아 야외 테라스에 앉으면 파노라마처럼 펼쳐진 보스포루스 해협의 아름다운 경관이 단박에 시선을 잡아끕니다. 야트막한 맞은편의 산지와 그 사이를 오가는 수많은 배와 요트는 보스포루스 해협의 매력을 한층 끌어올리죠.

보스포루스 해협의 탄생은 일대의 지구조 운동과 맞물려 있습니다. 튀르키예가 속한 아나톨리아 반도는 여러 판이 힘을 겨루는 각축장입니다. 크게 보아 유라시아판, 아프리카판, 아라비아판이 자웅을 겨루고, 그 사이를 아나톨리아판이 비집고 들어간 형국이라 곳곳에 흔적이 여럿 남아 있어요.

그중에서도 북 아나톨리아 단층은 동서 방향으로 꽤 깊고 날카로운 흔적을 남겼습니다. 보스포루스 해협, 나아가 지중해와 더 가까운 다르다넬스 해협은 모두 북 아나톨리아 단층 곁에 남은 좁고 깊게 패인 상흔이죠. 그래서 흑해에서 마르마라해, 마르마라해에서 에게해를 거쳐 지중해로 이어지는 염주 알 패턴의 공간 구획이 가능했습니다. 좁은 공간을 따라 육지와 바다가 줄지어 발달한 덕에, 많은 문명의 이야기가 공간에 남을 수 있었죠.

보스포루스 해협, 지중해와 흑해를 연결하는 유일한 해상 루트

이제 지도를 펼쳐 주변을 살펴볼까요? 지도를 보면, 보스포루스 해협이 지중해와 흑해를 연결하는 유일한 해상 루트임을 알 수 있습니다. 여기서 중요한 것은 '유일한 루트'라는 것입니다. 폭이 채 1km가 되지 않는 좁은 해협이 흑해와 지중해를 연결한다는 것은 지리적으로 상당한 무게감을 줍니다. 그도 그럴 것이 흑

해와 면한 루마니아, 불가리아, 우크라이나는 보스포루스 해협을 통과해야만 바다를 만날 수 있거든요. 현재 보스포루스 해협은 튀르키예의 영해지만 모든 나라의 상선(商船)이 자유롭게 다닐 수 있습니다. 하지만 군함의 경우 튀르키예가 통제권을 가지고 있어서, 튀르키예의 허락 없이는 통행할 수 없죠.

어느 한 공간 안에서 여러 나라의 이해가 복잡하게 얽히면, 분쟁 지역으로 비화하는 경우도 제법 많습니다. 2014년과 2022년 발발한 러시아와 우크라이나의 전쟁 역시 궁극적으로는 여러 해협을 거쳐 대서양으로, 수에즈운하를 통해 인도양으로 나아갈 수 있는 '흑해'의 교두보적 역할과 무관하지 않죠. 러시아가 크림반도의 지배권을 확보하고, 우크라이나가 미국을 위시한 북대서양조약기구(North Atlantic Treaty Organization, NATO)에 가입하려는 움직임에 민감하게 반응하는 까닭이 흑해라는 지리적 요충지와 무관하지 않다는 겁니다.

그런 면에서 오늘날 해협을 통제하고 관리하는 나라는 지리적으로 상당한 이점을 갖습니다. 역사에 가정은 없지만, 만약 누군가 보스포루스 해협을 빼앗고자 한다면, 튀르키예는 결사 항전으로 해협을 지킬 것이 분명합니다. 모르긴 몰라도 나라를 지키기 위해 명량 해협에서 항전한 이순신 장군의 결기에 버금갈 정도는 되지 않을까요?

인간의 역사와 함께한 해협

세계에는 이야깃거리가 풍부한 해협이 제법 많습니다. 지중해와 대서양을 잇는 지브롤터 해협은 이베리아반도와 북아프리카 사이를 가릅니다. 지브롤터 해협은 수에즈운하가 만들어지기 전까지 넓은 대양으로 나아가는 유일한 관문이었어요. 특히 대항해시대 이후 해상무역의 향방이 지중해에서 대서양으로 옮겨 가면서 지브롤터 해협의 위상은 날로 높아졌죠. 지중해와 홍해·인도양을 잇는 인공 해협 수에즈운하의 중요성이 날이 갈수록 커지는 것과 같은 이치입니다.

인도양과 태평양을 잇는 말라카 해협 역시 중요한 지정학적 요충지입니다. 말레이반도와 인도네시아 수마트라섬 사이의 좁은 해협인 말라카 해협은 동서양 물물교환의 해상 교역 거점으로서 큰 의미를 갖습니다. 그 밖에 대서양과 태평양을 잇는 드레이크 해협은 폭이 600km 정도로 넓지만, 파나마운하가 완공되기 전까지 대서양과 태평양을 잇는 유일한 바닷길이어서 존재감이 남달랐습니다. 지금도 파나마운하가 감당하기 힘든 대형 선박은 드레이크 해협을 오가고 있죠.

스타벅스 베벡에 앉아 보스포루스 해협을 바라보고 있으면, 이곳의 공간적 의미에 대해 되새기게 됩니다. 북쪽으로는 지정학적

세계에서 가장 경관이 아름다운 스타벅스로 꼽히는 스타벅스 베벡점. 창가에 앉으면
보스포루스 해협의 아름다운 경관이 한눈에 보인다.

세력 다툼이 치열한 흑해, 서쪽으로는 유럽과 아시아의 경계인 보스포루스 해협. 스타벅스 베벡은 바로 그 곁에서 지정학적 함수와는 별개로 아름다운 경관을 우리에게 선사합니다.
보스포루스 해협이 더욱 아름다우면서도 신비롭게 느껴지는 까닭은 좁지만 깊은 바다이기 때문일 거예요. 좁은 바다는 인간이 맞은편 공간으로 나아가도록 독려하는 힘이 있습니다. 물결 너머 닿을 듯한 거리에 낯선 땅이 있어서, 호기심을 부추기고 새로운 공간으로 나아가도록 사람을 이끌죠. 하지만 깊은 바다는 사람의 손길을 쉽사리 허락하지 않습니다. 보스포루스 해협의 지리적 특징은 이곳이 유럽과 아시아의 경계로 기능하도록 만든 역사적 주춧돌인 셈입니다. 작은 고추가 맵듯이, 좁은 해협은 공간적 힘이 셉니다.

부록

스타벅스와 함께 즐기는 주변 여행지

이대R점

① 이화 캠퍼스 복합 단지

스타벅스 이대R점에 왔다면, 꼭 이화 캠퍼스 복합 단지(Ehwa Campus Complex, ECC)를 들러야 한다. ECC는 도미니크 페로(Dominique Perrault)가 설계한 건물로, 모두 6개 층으로 이루어진 국내 대학 최대 규모의 신개념 지하 캠퍼스 공간이다. 예전 대운동장부터 본관까지의 길을 계곡처럼 만들고 그 양쪽에 건물을 지은 것으로, "닫혀 있던 캠퍼스 공간을 공공의 공간으로 탈바꿈했다"는 평가를 받았다. 2008년 서울특별시 건축상 대상, 2010년 프랑스 건축가협회 그랑프리상을 수상했다.

② 이화52번가

한때 많은 청년이 꿈을 키울 수 있도록 든든한 토양이 되어 주었던 이화52번가. 이화52번가는 대학가 상권을 살리겠다는 취지로 든든한 예산을 벗 삼아 야심 차게 출발한 프로젝트였다. 하지만 임대료 보조, 사업 보조에 관한 지원금이 1년 만에 끊기자, 청년들은 하나둘 떠나기 시작했다. 2022년 6월 현재, 초기에 창업했던 점포 중 단 한 곳만이 이화52번가를 지키고 있다. 스타벅스 이대R점에서 이화여대 방향으로 조금만 걸으면 희망과 절망이 공존하는 이화52번가를 만날 수 있다.

③ 신촌 토끼굴

이름처럼 앙증맞다. 스타벅스 이대R점에서 연세대학교로 가는 길에 있는데, 토끼몰이를 하듯 지상을 내달리는 경의중앙선을 가로질러 지나갈 수 있는 굴다리가 바로 신촌 토끼굴이다. 이곳이 유명해진 까닭은 드라마 〈도깨비〉의 덕이 크지만, 본래 그라피티(graffiti) 벽화로 이름값이 남다른 곳이었다. 마치 고대 동굴벽화를 감상하듯, 저항과 신변잡기의 메시지가 두루 적힌 동굴을 시원한 굴 바람을 맞으며 걸어가는 이색 경험을 할 수 있다. 카메라 구도만 제대로 잡으면, 예술 사진을 남길 수 있을지도.

④ 바람산어린이공원

이름을 보고 섣불리 판단하면 오산이다. 도시 근린공원으로 이곳만큼 제 기능을 다 하는 곳이 드물다. 동네에서 아는 사람만 안다고 하는 로컬 뷰 맛집으로, 특히 야경이 일품이다. 스타벅스 이대R점에서 제법 오래 걸어야 하지만, 이대에서 신촌까지 걷는 동안 공간의 젠트리피케이션을 간접 경험할 수 있는 좋은 코스로 손색이 없다. 해 지기 전 도착했다면, 바로 옆 신촌문화발전소에 들러 잠시 감성 코드를 업그레이드 하는 것도 좋다. 바람산어린이공원의 신촌 야경을 결대로 놓치지 말자!

홍대역8번출구점

① 홍대 거리

홍대 패션 거리, 홍대 걷고 싶은 거리, 홍대 땡땡 거리 등 홍대에는 거리가 많다. 그중 스타벅스 홍대역8번출구점에서 홍대 방향으로 이동하면 바로 만나는 홍대 걷고 싶은 거리와 홍대 패션 거리는 각각 이색적인 의류 상점과 버스커(busker)들을 만날 수 있는 홍대의 심장과도 같은 공간이다. 지금의 홍대 문화를 주도하는 거리를 따라 놓여 있어서, 도로명도 '어울마당로'다. 그동안 소원했던 패션 감각을 다시 한번 빌드업하고 싶거나, 공짜로 취향 저격 문화 감성을 높이고 싶은 마음이 조금이라도 있다면 두 거리에 발길이 사로잡히는 것은 불가항력적인 일이다.

② 경의선 책거리

경의선 철로를 따라 길게 늘어선 책거리는 도시 재생 공간이다. 스타벅스 홍대역8번출구점에서 경의중앙선 방향으로 걸으면 10개의 테마로 꾸민 아기자기한 책방을 만날 수 있다. 중간중간 놓인 유명 작가의 명언과 전시 공간은 좁고 긴 책거리를 걷는 지루함을 달래 준다. 한국문학에 한 획을 그은 작가의 전시가 주기적으로 열리고, 오디오북을 듣거나 책을 디지털로도 경험할 수 있는 시설이 갖춰져 있다. 한 손에는 책, 한 손에는 커피 한 잔을 들고, 간간이 놓인 벤치에 앉아 책을 읽는 경험은 신선하다.

③ 홍익문화공원

과거 홍대 놀이터로 불렸던 곳이다. 그만큼 놀이를 위해 최적화된 공간이라는 사실! 연중 다양한 볼거리와 행사가 진행되는 공간으로, 홍대 거리 못지않은 인지도를 가진 홍대의 핫 플레이스다. 그중에서도 창작자와 예술가의 작품을 직접 눈으로 보고 만질 수 있는 홍대 프리마켓은 홍대문화공원의 격을 한 단계 올려 준 일등공신이다. 경기도 양평군 서종면에 가면 매월 첫째·셋째 토요일에 북한강을 따라 공예품 및 먹을거리를 두루 보고 살 수 있는 리버마켓이 열리는데, 이 같은 대안 시장의 시초가 바로 홍대 프리마켓이다. 가끔 유튜브 라이브로 시장 상황을 소개하기도 하니 참고하자.

④ 홍대 벽화 거리

홍대의 여러 거리 중 시각적 임팩트가 가장 강렬한 공간이다. 미대의 아이콘이라 불리는 홍익대학교 바로 앞에 있어, 아마도 홍대 미대생이 주축이 되어 시민들과 콜라보해 만든 골목 벽화인 듯싶다. 앞서 신촌 토끼굴처럼 그라피티도 여럿 있지만, 작품성이 뛰어난 그림도 즐비하여 무려 '피카소 거리'라 불리는 곳도 있다. 홍대의 문화 혼종성에 크게 한몫하는 공간으로, 수십 번 셔터를 누르다 보면 인생 사진을 찍을 수 있을지도 모른다. 참고로 벽화 거리만을 목적으로 홍대를 방문한다면, 스타벅스 홍대역8번출구점이 있는 2호선 8번 출구를 이용해서는 곤란하다. 6호선 상수역에서 내려 스타벅스 상수역점에서 커피를 사고 2번 출구 방향으로 직진하면 금방 벽화 거리를 만날 수 있다.

강남R점

① 신사동 가로수길

신사동 가로수길은 드라이브 코스로도, 걷는 코스로도 손색이 없다. 은행나무 사이를 걷는 코스로, 가을이면 더욱 아름다움을 뽐낸다. 도산대로와 압구정로를 잇는 가로수길에는 한 블록에 3개의 스타벅스가 입점해 있다. 지금이야 스타벅스를 위시한 글로벌 다국적 기업의 상점이 즐비한 거리가 되었지만 초창기에는 그렇지 않았다. 본래 가로수길은 개성 넘치는 상점과 카페로 유명세를 얻은 공간으로 젊은이들이 주로 찾는 곳이었다. 그런 까닭에 가로수길은 젠트리피케이션의 산증인이기도 하다. 가로수길의 위상은 애플 스토어의 입점으로도 확인할 수 있다. 그만큼 유동인구가 많다는 거다. 앞서 이야기했듯, 그래서 스타벅스도 3개다.

②테헤란로

길 자체가 여행 코스다. 스타벅스 강남R점이 있는 강남역 사거리가 바로 테헤란로의 시작점이다. 커피 한 잔을 사 들고 2호선 강남역 노선을 따라 삼성역까지 가면 어지간한 테헤란로의 길을 모두 도보로 이동한 셈이 된다. 도로명이 곧 역사를 상징한다. 대한민국의 수도 서울시와 이란의 수도 테헤란시가 영원한 우의를 다짐하는 차원에서 지은 이름이라 처음 지어질 때 큰 화제가 되었다. 왕복 10차선의 너비는 양옆으로 도열한 마천루의 모습과 함께 걷는 사람에게 초현실적인 느낌을 준다. 2호선 역삼역, 선릉역, 삼성역 사거리마다 서 있는 인상적인 빌딩과, 자본력이 막강한 기업의 본사와 상품을 만나는 재미가 쏠쏠하다.

③선릉과 정릉

최신식 빌딩과 정갈하게 갈무리된 테헤란로를 걷다가 선릉역에서 한 발짝 빠져나가면 유네스코 세계문화유산을 만난다. 바로 선정릉이다. 조선의 왕 성종과 성종의 계비 정현왕후의 묘인 선릉, 중종의 묘인 정릉을 일컬어 선정릉이라 부른다. 선정릉은 『대동여지도』에서도 그 위치를 정확하게 확인할 수 있다. 강남의 한복판을 차지하는 선정릉은 개발의 흐름을 빗겨 간 덕에 시민의 휴식처로 남을 수 있었다. 일대에서 이만한 녹지 산책로를 찾기 힘들다. 선정릉에 남은 자연 숲에서 나무 사이로 뻗어 올라간 빌딩 숲을 보는 일은 신기한 경험이다.

④봉은사

선정릉에서 멀지 않은 곳에 봉은사가 있다. 봉은사는 조선

시대 선정릉을 관리하는 임무를 부여받은 능침 사찰이다. 봉은사 바로 앞은 대형 상권 코엑스몰이 입지하고 있다. 문명의 이기가 총집합된 공간과 도로 하나를 사이에 두고 천년 고찰이 입지하는 일은 흥미롭다. 선정릉과 봉은사의 존재를 통해 지금의 강남 일대가 서울의 원형, 그러니까 사대문과 꽤 먼 거리였음을 짐작할 수 있다. 당시만 하더라도 주변을 비롯해 잠실까지 뽕나무밭이 즐비했다고 한다. 봉은사에 가면 목조 건축물 '판전(板殿)'에 걸려 있는, 추사 김정희가 쓴 현판을 꼭 봐야 한다. 추사 김정희가 죽기 사나흘 전에 남긴 유작이라 하니, 잠시 추사를 기억하기엔 더할 나위 없는 장소라고 하겠다.

대치은마사거리점

① 은마아파트

부동산 뉴스에 자주 등장하는 바로 그 아파트가 맞다. 강남 아파트의 랜드마크이자, 사교육 1번지 대치동의 핵심 공간이기도 하다. 은마아파트 입구 사거리에서 양방향으로 이어진 학원가는 무거운 가방을 둘러맨 학생들로 늘 붐빈다. 은마아파트는 1979년 입주한 4,400세대의 대단지 아파트다. 스타벅스 대치은마사거리점에서 은마아파트 사이를 가로지르면, 광활한 복도식 아파트의 건축 요소를 관찰할 수 있다. 은마아파트에 가면 반드시 은마종합상가에 들러야 한다. 오래된 만큼 볼거리와 먹을거리가 풍성하다.

② 양재천

양재천은 대치동 일대 주민들의 든든한 쉼터다. 경기도 과천시 관악산에서 발원한 양재천은 북동 방향으로 흘러 탄천으로 유입하는 한강의 지류 하천이다. 양재천이 전국적으로 유명세를 탄 것은 크게 두 가지 이유에서다. 하나는 생태 하천으로 복원된 훌륭한 모범이어서고, 다른 하나는 타워팰리스의 존재감 덕이다. 강남 개발 초창기만 하더라도 각종 생활하수 덕에 양재천은 악취로 몸살을 앓았다. 하지만 1990년대 대대적인 도심 생태 하천 조성 사업과 2000년대 초 부의 상징이라 불린 타워팰리스의 건설로 양재천의 인지도는 전국구가 되었다. 양재천의 탁월한 생태 환경은 산책 중 마주치는 너구리가 존재로서 증거한다. 타워팰리스에 스타벅스가 입점해 있음은 물론이다.

③ 대치구(舊)마을 은행나무

대치동의 원형이 된 마을이 있다. 지금의 대치2동이 위치한 대치구마을이다. 대치구마을은 스타벅스 대치은마사거리점에서 휘문고 방향으로 이동하는 와중에 만날 수 있다. 대치, 다시 말해 큰 언덕이라 불리는 한자어인 한티와도 관련 있는 마을이다. 구릉지의 높은 지대에 입지한 덕에 강변을 정비하기 전에도 충분히 마을이 형성될 수 있었던 공간이다. 지금은 재개발의 여파로 원형이 거의 남아 있지 않지만, 수령 약 500년의 은행나무는 건재하다. 은행나무는 당시 마을의 당수 역할을 했으니, 거기서부터가 이른바 대치동의 원형이라고 보는 것이 맞다.

④ 별마당 도서관

별마당 도서관은 코엑스몰의 랜드마크다. 코엑스몰의 한가운데 위치한 덕에 중앙 광장의 역할을 수행하는 곳으로, 늘 사람이 많다. 코엑스몰이 리모델링하기 전에는 유동인구가 몰리는 목이 좋은 공간이라 대형 푸드 코트가 있었다. 하지만 바야흐로 문화 전성시대가 열리면서 먹거리 공간은 주변으로 밀려나고, 대형 도서관이 그 자리를 대신하게 되었다. 별마당 도서관 한가운데 서면 주변을 성처럼 둘러싼 책의 향연에 탄복한다. 무수히 많은 사람이 스마트폰을 꺼내 인증샷을 남긴다. 자타 공인 코엑스몰의 핫 플레이스이자 유동인구의 메카라면, 여기에 스타벅스가 빠질 수 없다. 별마당 도서관 안에 스타벅스가 입점한 이유다.

원주반곡DT점

①레드우즈파크

메타버스 열풍이 한창이다. 3차원 가상현실은 실생활을 넘어 초중등 교과서까지 점령해 가고 있다. 강원도의 핵심 도시 중 하나인 원주에 메타버스 산업의 집적 단지인 메타버스 스튜디오 레드우즈파크가 들어서는 데는 그만한 이유가 있다. 원주는 강원도 내에서 인구가 가장 많은 수위 도시다. 한동안 춘천의 인구가 가장 많았지만, 고속철도의 개통과 혁신도시의 입지 등으로 원주의 위상이 나날이 높아지고 있다. 계획대로라면 레드우즈파크는 2024년 원주혁신도시에 들어설 예정이다. 지도를 펼쳐 원주의 시가지를 확인하면, 레드우즈파크와 가장 어울리는 곳으로 혁신도시만 한 곳이 없다. 지나는 길에 스타벅스 원주반곡DT점에서 커피 한 잔의 여유를 즐기는 것도 잊지 말자.

②섬강

원주 여행에서 섬강을 특별히 추천하고 싶다. 섬강은 원주의 산지 사이를 가로지르며 흐르는 감입곡류천이다. 산지 사이를 휘감아 도는 물길이 아름답고 정겹다. 대중에게 많이 알려진 원주의 관광지는 간현관광지와 소금산 출렁다리, 원주 레일바이크다. 이들은 산지를 막 뚫고 나온 섬강의 폭이 넓어지는 평야 구간에 조성되어 있다. 산지를 막 통과한 곳이라 산과 산 사이에 다리를 놓고, 넓은 수변 시설을 만들 수 있었으며, 이곳을 통과하던 옛 철길 일부를 레일바이크로 꾸밀 수 있었다. 하지만 개인적으로는 조금 더 하류로 내려오면 만날 수 있는 간현생태공원을 추천하고 싶다. 섬강과 서곡천이 만나는 일종의 두물머리로 너른 습지가 조성되어 있기 때문이다. 이름처럼 생태적으로 상당히 유의미한 공간이며, 한적하고 평화롭다.

③치악산

치악산은 원주의 산이다. 횡성군에 절반의 지분이 있지만, 대중은 원주 치악산으로 인식한다. 치악산은 이름에서 그 위상이 느껴진다. 한자어로 '악(岳)'은 큰 산이라는 뜻이다. 원주 시가지에서 360도를 빙 둘러 주변 산지를 바라보면, 가장 웅장하게 느껴지는 곳이 바로 치악산이다. '악' 자가 들어간 유명 산, 이를테면 설악산, 관악산, 월악산 등의 '악'도 뜻이 같아, 이름에서 느껴지는 기운이 제법 세다. 치악산 등반만을 목적으로 원주를 찾는 사람도 많다. 치악산 등반에서 만나는 구룡사, 비로봉, 영원산성 등의 비경은 덤이다.

④ 강원감영과 한살림 중앙매장

원주 중앙로는 서울로 치면 종로요, 대구로 치면 동성로다. 원주의 옛 원형을 간직한 공간이라 강원감영도 만날 수 있다. 감영은 조선 시대 관찰사가 정무를 보던 청사다. 오래된 전통시장과 상업화된 거리를 걷다 보면, 생명 운동과 협동운동의 선구자로 평가받는 무위당 장일순의 한살림을 만난다. 우주 만물, 너와 나를 하나로 보고, 더불어 모시고 살리자는 취지로 시작된 한살림 운동은 지역마다 조합을 만들고, 바른 먹거리로 생산자와 소비자가 상호 부조할 수 있는 틀을 유지하고 있다. 밝음신협 건물에서 무위당의 흔적을 느낄 수 있다. 스타벅스와 같은 글로벌 커피 기업과는 사뭇 다른 가치를 느낄 수 있는 것은 또 하나의 매력이다.

송도컨벤시아대로DT점

① 센트럴파크

스타벅스 송도컨벤시아대로DT점에서 차를 몰아 5분 안에 도착할 수 있다. 센트럴파크의 원조는 뉴욕 맨해튼의 센트럴파크다. 송도 센트럴파크는 이름 그대로 거대한 간척으로 조성한 공간의 핵심 지역으로, 송도 어디에서도 비슷한 거리에 도달할 수 있도록 설계되었다. 매립지의 평탄면이라 흙과 돌을 가져다가 다양한 지형 굴곡을 만들어 냈는데, 면적이 여의도 공원의 약 2배에 이른다. 흥미로운 것은 센트럴파크의 호숫물이 바닷물이라는 것! 뉴욕 맨해튼의 센트럴파크처럼 도시에서 공원으로, 공원에서 다시 도시로 쉽게 출입이 가능한 것이 설계의 핵심 목표다. 도시공원은 어느 도시나 마른 가뭄의 단비와 같은 공간으로 기능한다.

② 송도G타워 전망대

송도 센트럴파크를 한눈에 조망할 수 있는 최고의 자리다. 좌우로 펼쳐진 주상복합아파트와 최신식 마천루가 미래 도시의 모습을 연상케 한다. 송도가 간척지에 세워진 도시라는 것을 단박에 느낄 수 있을 정도로 사방이 평지고, 지척이 바다다. 송도 국제도시는 스마트 시티다. 도시 핵심 인프라를 첨단화된 시스템으로 관리하고, 이를 통해 최적화된 일상 및 자연 재난을 대비한다는 것이 골자다. 전망대에서 바라보는 도시의 경관 속에는 무수히 많은 CCTV가 설치되어 있다. 범죄 예방은 물론, 도시의 상황을 실시간으로 모니터링하는 스마트시티 운영센터가 바로 송도G타워에 있다는 것도 흥미롭다.

③ 연세대학교 국제캠퍼스

연세대학교 신촌캠퍼스에 입학하면 1년 동안 반드시 거쳐야 하는 공간이다. 2006년 인천광역시와의 협약을 통해 마련한 넓은 부지에는 학생을 수용할 수 있는 기숙사와 강의동이 아름답게 꾸며져 있다. 이른바 해외 명문 대학들이 오랜 세월 동안 채택해 온 교육 모델을 도입한 것이 시초다. 1년 동안 집과 떨어져 생활하면서 대학생, 아니 성인이 된 기쁨과 책임감을 두루 경험할 수 있는 이색 공간이기도 하다. 캠퍼스 견학 신청도 가능하니, 한 번쯤 너른 캠퍼스에서 대학 생활의 낭만을 경험하는 것도 좋겠다. 체력이 허락한다면 인근의 한국뉴욕주립대학교, 조지메이슨대학교, 겐트대학교 등 글로벌 대학의 국제캠퍼스도 둘러보길 권한다.

④ 인천상륙작전기념관

송도 국제도시를 바깥에서 보고 싶다면 찾아야 할 명소다. 인천상륙작전기념관은 간척 이전 옛 송도의 본산이기도 하다. 인천 개항 100주년을 기념하기 위해 건립한 기념관은 긴박했던 인천 상륙 작전의 자취를 느낄 수 있는 곳이다. 기념관에 오르면 송도 신도시는 물론이고, 인천 시가지가 한눈에 보인다. 평지에 세워진 마천루는 바다 사이로 날카로운 스카이라인을 뽐낸다. 야경은 더욱 신묘한 기분을 선사한다. 조금 더 완벽한 송도 국제도시의 모습을 보고 싶다면, 인천상륙작전기념관이 기댄 청량산에 오르면 된다.

문경새재점

① 문경새재 오픈세트장

스타벅스 문경새재점에서 커피를 사서 천천히 걸으면 조령 1관문을 지나 문경새재 오픈세트장을 만난다. 지금까지 무수히 많은 드라마와 영화의 촬영지로 활용되어 온 곳이라 찾는 사람도 많고, 활용 가치도 높은 곳이다. 좁고 날카로운 구조선을 따라 이어진 옛길의 끝자락에 위치한 덕에 사방이 산지다. 그래서 인공의 경관이 개입한 곳이 없어 세트장을 놓을 수 있었다. 지리적으로 보자면 구조선의 말단부에 해당한다. 좁고 깊은 곳이라 방어가 좋았고, 길목 관리가 수월했다. 다른 지방의 오픈세트장 역시 좁고 깊은 곳에 위치한 경우가 많다.

② 조령 3관문

시간과 체력이 허락한다면 문경새재 오픈세트장에서 조령 제3관문까지 걷는 것을 추천한다. 문경새재 옛길의 진수를 맛볼 수 있는 구간으로, 우마차도 통과하기 버거울 정도로 좁은 길이 조선에서 이름난 고개라는 것에 새삼 놀랄 수 있다. 잔디밭 사이로 가로지른 누군가의 첫 시도가 사람의 발걸음을 이끄는 길의 시초가 되듯, 문경새재 역시 그러했을 터다. 조선 시대 이곳을 지났을 무수히 많은 선조의 발자취를 밟아 보는 일은 세월의 무게만큼이나 마음을 경건하게 해준다.

③ 이화령휴게소

문경새재만큼이나 좁고 긴 구조선의 자리가 일품인 공간이다. 지금은 사이클 동호회에서 자주 찾는 곳으로, 휴게소의 자리는 산지의 능선이다. 능선에 있는 덕에 앞뒤로 시야가 탁 트여 있어 조망하는 맛이 일품이다. 이화령은 문경새재만큼은 아니지만, 그 곁에서 많은 사람이 다니는 고갯길로 기능했다. 충청북도와 경상북도의 도계이면서 중부내륙고속도로가 그 곁을 지난다. 조선 시대만 하더라도 문경새재보다 존재감이 부족했지만, 문명의 발전으로 새롭게 조명된 흥미로운 고개가 바로 이화령이다.

④ 문경 오미자 테마공원

스타벅스 문경새재점으로 가는 길목에 있는 대형 테마공원이다. 오미자를 제주의 특산물로만 아는 사람이 많지만, 문경의 생산량은 전국의 절반가량으로 꽤 많은 편이다. 오미자의, 오미자에 대한, 오미자를 위한 테마공원으로, 각종 체험과 전시가 3층을 가득 메우고 있다. 오미자는 내륙 깊숙한 곳의 암반 지대에서 잘 자라는 덩굴성 식물이다. 오미자의 생육 조건은 문경새재와 결이 맞는다. 스타벅스 문경새재점은 이 점을 활용했다. 문경새재점에서만 맛볼 수 있는 문경 오미자 피지오에서 스타벅스의 철저한 지역화 전략을 엿볼 수 있다.

대구팔공산점

① 팔공산 케이블카

스타벅스 대구팔공산점에 들렀다면 팔공산 케이블카를 이용해 보자. 케이블카는 환경문제로 논란이 많지만, 거동이 불편한 사람에겐 산을 오를 수 있는 유일한 도구다. 케이블카로 오를 수 있는 조망점에 다다르면, 앞뒤로 펼쳐진 시원한 산세가 상쾌한 느낌을 준다. 조망점에서 바라보는 대구 시내는 산으로 둘러싸인 분지임을 증거한다. 여름철 낮, 조망점의 벤치에 앉으면 에어컨과 견줘도 손색없는 자연 바람이 불어온다. 지리적으로 보자면 골바람이다. 흥미롭게도 골바람은 패러글라이딩을 즐기기 위한 필수 요소다. 팔공산의 넓은 체적에서 맞이하는 골바람에 시원한 팥빙수 한 사발은 신선놀음에 준한다.

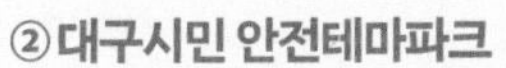

② 대구시민 안전테마파크

팔공산 케이블카를 타고 내려와 한 번쯤 들러도 좋은 곳이다. 대구는 1995년 가스 폭발 사건, 2003년 지하철 참사로 재난에 민감한 도시가 됐다. 그도 그럴 것이 두 사건은 모두 인재(人災)였다. 시민이 위기 상황에 놓였을 때 어떻게 대처해야 하는지에 관한 교육이 필요하다는 인식에서 탄생한 게 바로 안전테마파크다. 대구 시민들에게 지하철 참사는 큰 아픔으로 남았다. 1관이 지하철안전체험장인 이유이기도 하다. 안전 불감증 사회를 탈피하기 위한 정부와 지자체의 노력은 지금도 한창 진행 중이다.

③팔공산 하늘정원

케이블카를 이용하는 것보다 더 손쉽게 팔공산의 더 높은 곳에 오르고 싶다면 차를 이용해 하늘정원으로 가자. 이름처럼 정상이 지척인 곳이다. 차량으로 오를 수 있어 사람의 발길이 잦아지자, 데크를 조성해 생태계를 보전하고 있다. 팔공산은 중생대 불국사화강암이 몸통을 이루는 산지다. 그래서 산지 곳곳에 바위가 노출되어 있다. 팔공산 하면 갓바위로 유명한데, 갓바위 역시 화강암의 풍화 과정에서 남은 흥미로운 지형 경관이다. 갓바위와의 거리는 꽤 되지만, 체력이 좋다면 등산으로 왕복이 가능하다는 점도 알아 두자.

④대한수목원

스타벅스 대구팔공산점에서 대구 시내로 가다가 만날 수 있는 수목원이다. 1991년부터 사람이 심은 나무가 40년의 세월 동안 아름다운 자태를 가진 숲으로 거듭났다. 우리나라의 사철 수목과 수종을 가리지 않고 다양하게 식재한 공간이라, 나무와 식물을 좋아하는 사람이라면 누구라도 눈요기가 가능하다. 심지어 설립자의 취지도 좋다. 유년 시절 아름다운 숲에서 자란 설립자의 바람을 담아, 자연 휴식 공간을 도시 사람에게도 전하려는 마음으로 가꾼 정원이라고 한다. 대한수목원의 일부는 스타벅스 대구팔공산점 테라스에서도 감상할 수 있다. 수목원이 안긴 응해산은 역시 산세가 일품이다.

제주애월DT점

①올레길 16코스

제주도는 해변을 따라 대부분이 올레길로 지정되어 있다. 그중에서도 16코스 길가에 스타벅스 제주애월DT점이 있다.

올레길 곁에 DT점을 놓은 까닭은 올레길이 곧 해안 도로여서다. 제주 애월은 제주도로 치면 북서부에 해당하는 공간이다. 그래서 반대편의 서귀포시 표선면 일대보다 풍속이 강하고 겨울 기온이 낮다. 애월은 제주시와 가까운 지리적 이점으로 관광객의 발길이 끊이지 않는다. 근처 애월항에 가면 척박한 제주 환경의 소규모 어업 부두가 어떤 식으로 만들어져 있는지 눈으로 확인할 수 있다. 애월항은 육지의 그것과는 사뭇 다른 분위기를 연출한다.

②망오름(고내봉)

스타벅스 제주애월DT점의 전경을 파노라마로 감상하고 싶다면 인근 망오름에 오르면 된다. 제주 오름은 한라산 이상의 조망 포인트다. 제주도에 분포하는 기생화산은 어찌 보면 한라산보다 제주 관광의 가치를 몇 배로 올려놓은 훌륭한 지형 자원이다. 망오름은 이름에서 알 수 있듯 봉수대가 있던 곳이다. 망오름에 오르려면 구두보다는 단화를 신어야 한다. 오름은 주로 점성이 큰 조면암질 용암으로 만들어져 경사가 가파르다. 특히 망오름에서 바라보는 일출은 제주 여행의 아름다움을 더한다.

③애월도서관

제주 애월도서관에 가면 바다를 벗 삼아 책을 읽을 수 있다. 도서관 지척이 바다라서다. 2층에서 책을 빌려 해변을 마주한 책상에 앉으면, 없던 감성도 되살아난다. 해변이 보이는 카페도 좋지만, 해변을 마주한 도서관은 더 좋다. 망망대해 제주 바다에선 섬 한 점을 관찰하기 힘들다. 전라남도와는 달리 수심이 꽤 깊은 곳에서 솟아난 화산섬 제주의 특징을 대변한다. 책을 빌려 도서관 내에서 읽고 싶지 않다면, 바깥으로 나가면 된다. 괜찮은 자리에 앉아, 해송을 그늘 삼아 몇 시간이고 책을 읽을 수 있다.

④곽지해변

애월 일대에서 가장 너른 백사장을 가진 곳이다. 곽지해변은 애월도서관에서 지척이다. 아주 넓지는 않지만 그래서 한적하다. 곽지해변의 모래는 육지에서 보는 모래와는 결이 다르다. 더 하얗고 고운 입자를 띠고 있으며, 해변의 색은 푸른 에메랄드빛이다. 이러한 특징은 제주 해변 곳곳에서 관찰할 수 있다. 이유는 제주 해변의 모래가 산호와 조개가 가루처럼

빻아져 만들어진 것이기 때문이다. 제주도는 육지처럼 암석에서 모래가 공급되는 환경이 아니다. 나아가 에메랄드 빛깔 역시 석회질 산호와 조개 덕에 만들어진 석회질 바닷물의 특징과 관련이 있다. 무엇이든 알고 보면 새롭다.

더양평DTR점

① 물안개공원

스타벅스 더양평DTR점에서 바라보던 습지에 직접 가 보자. 걸어서 5분 거리다. 습지는 하천 생태계의 보물이다. 정화 기능은 기본이요, 습지는 각종 동식물이 터전을 일굴 수 있는 강력한 수중 거점이다. 물안개공원을 걸으면 햇살이 물가에 비추어 만들어진 물비늘이 일품이다. 남한강을 조금 더 가까이서 보고 싶다면 스타벅스 반대편의 야외무대로 나가면 된다. 양근천이 남한강과 합류하는 지점에 쌓인 퇴적 습지가 관전 포인트다. 기회가 되면 습지 곁에 조용히 앉아 귀를 기울이자. 어린 물새가 지저귀는 예쁜 노래를 들을 수 있을지도.

② 천주교 수원교구 양근성지

물안개공원에서 조금 더 걸으면, 천주교 양근성지를 만난다. 성지의 이름에 쓰인 '양근(楊根)'의 이름이 지리적이다. 쉽게 풀면 버드나무의 뿌리라는 뜻인데, 버드나무는 하천 수변에 잘 자라는 수종이라 뿌리가 깊다. 양근성지가 있는 곳은 하천 습지다. 그래서 모래로 덮인 공간의 바닥에는 굵은 자갈이 하천의 모래를 잘 떠받들고 있다. 이 틈을 비집고 들어간 것이 바로 버드나무의 뿌리, 양근이다. 천주교는 조선시대의 아픔이자 기회였다. 이른바 외래문화의 유입은 척화의 논리로 배격되었지만, 문화의 다양성을 높였다. 이곳에 천주교 성지가 있었다는 것은 오가는 사람이 많았다는 증거다. 양근 나루터의 흔적은 당시 붐비던 일대의 풍경을 소환하는 힘이 있다.

③ 양평군립미술관

스타벅스에서 마주하는 그림 같은 풍경에 매료되었다면, 길 건너편에 자리한 양평군립미술관에서 다양한 예술 작품을 감상해 보자. 기하학적 패턴의 건축 외관에서 뿜어 나오는 기운은 실내를 더욱 궁금하게 만든다. 양평군이 설립하고 운영하는 터라 시설이 깨끗하고 관리가 잘 되어 있다. 주로 현대미술을 중심으로 전시관을 운영하며, 미술을 매개로 한 다양한 체험 학습을 곁들일 수 있다는 점이 포인트다. 양평에는 예술인이 많이 산다. 서울과 가까우면서도 자연에 한껏 취할 수 있는 공간이 바로 양평이기 때문이다.

④ 갈산공원

스타벅스에서 차를 몰아 여주 방향으로 조금 내려가면 양평읍사무소 뒤에 있는 갈산공원을 만난다. 칡이 많다고 하여 붙여진 양평읍의 옛 이름이 바로 갈산이다. 남한강을 따라 조성된 자전거길이나 산책길을 이용해 양평읍에서 이곳까지 운동 삼아 걷는 사람이 많다. 지도에 따라 칼산이라 명명하기도 한다. 칼산이 곧 갈산공원이다. 칼산 주변은 나루터로서 기능했다고 알려져 있다. 이포나루에서 이동해 온 배가 하룻밤 쉬어 갈 수 있는 뱃사람의 휴게소 정도로 생각하면 된다. 칼산에 올라 바라보는 남한강의 풍경이 일품이다.

울산간절곶점

① 간절곶

간절곶이라는 지명은 지형의 형태를 보고 지었다. 한자어 간절(艮絶)은 뾰족하고 긴 대나무 장대처럼 보인다는 의미다. 그리고 곶(串)은 꼬챙이로 무엇을 꿴 모습, 다시 말해 명절 음식 중 하나인 산적처럼 생겼음을 뜻하는 상형 문자다. 간절곶은 이름처럼 동해를 향해 툭 튀어나와 있다. 지리적으로 보면 돌출한 곶에 단구 지형을 조합한 셈이다. 튀어나온 것뿐이면 인간이 공간의 이야기를 쓰는 데 한계가 있다. 도드라짐에 인간의 삶이 얹힐 수 있었던 까닭은 오롯이 단구라는 지형 조건이라서 가능했다. 스타벅스 울산간절곶점은 해안 단구에 얹힌 국내 유일의 스타벅스다. 그래서 조망이 압권이다. 주변에 카페와 레스토랑이 즐비한 까닭이다.

② 간절곶 항로 표지관리소(등대)

간절곶은 동해안 남부 지역 연안 선박들의 안전을 책임지는 등대의 자리이기도 하다. 이 역시 바다를 향해 돌출한 '곶'이라는 지형 조건이라 가능했다. 지형적으로 곶은 바닷속에 암반이 많아, 배가 접안하기 힘든 경우가 많다. 간절곶 등대의 주된 목적은 인근 울산항으로 들어가는 선박의 안전이다. 그래서 일대의 곶에는 등대가 많다. 울산항, 장생포항으로 진입할 때 만나는 화암추 등대과 큰 스케일에서 마주 보고 있는 모양새다. 주변보다 돌출한 덕에 조망이 좋다. 그래서 곶은 조선 시대 봉수대의 자리이기도 하다.

③ 진하해수욕장

스타벅스 울산간절곶점에서 울산 방향으로 가다 보면 진하해수욕장을 만난다. 울산과 가까운 덕에 울산 시민이 자주 찾는다. 진하해수욕장의 모래는 밝으면서도 곱다. 동해안의 해수욕장은 대부분 백사장이 모래다. 모래의 기원은 배후 산지에서 공급되는 화강암 모래다. 진하해수욕장의 자리는 회야강이 실어 나른 모래가 파랑과 연안류의 흐름에 따라 해안에 재배치되는 공간에 해당한다. 진하해수욕장의 백미는 팔각정 앞 명선도다. 물때가 맞으면 명선도까지 모래톱이 이어져, 걸어서 무인도인 명선도를 찾을 수 있다. 지리적으로 명선도는 육지와 연결되는 섬인 육계도, 모래톱은 육지와 섬을 연결하는 육계사주(모래 기둥)가 된다.

④ 서생포왜성

임진왜란 당시 일본은 전초기지 형식으로 지리적으로 가까운 동해안 일대에 왜성을 많이 축조했다. 간절곶을 중심으로 아래로는 임랑포왜성, 북으로는 울산왜성이 서생포왜성과 공간적 대구를 이룬다. 지금은 왜성의 모습이 간헐적으로 남아 있지만, 터 파기를 하면 곳곳에서 축성의 흔적을 어렵지 않게 찾을 수 있다. 육지와 해상으로의 빠른 물자 보급로의 역할을 기대하며 축조한 서생포왜성은 평지성이 발달한 일본과는 달리, 산성과 유사한 형태로 지었다. 건축주가 원해도 땅의 지형을 바꾸면서까지 성을 쌓을 수는 없는 노릇일 테다.

군산대점

① 은파유원지

스타벅스 군산대점에서 도보로 10분이면 만날 수 있다. 은파유원지라 명했지만, 지역민들은 미제저수지라 부르는 경우가 많다. 은파유원지의 핵심이 미제저수지라서다. 스타벅스 군산대점 앞이 바로 군산대학교라 아무래도 대학생과 주민이 산책과 운동을 겸해서 찾는 일이 많다. 미제저수지는 구릉과 구릉 사이를 막아 조성한 인공 호수다. 구릉과 구릉 사이의 골짜기는 지하수의 저장 능력이 괜찮은 곳이다. 간혹 구릉대 사이를 막아 공원이나 잔디밭을 조성하는 일이 많은데, 비가 내리는 날이면 주변 일대가 습지처럼 물이 고이는 것을 본 일이 있을 것이다. 구릉대 사이를 살아가는 인간에겐 다소 불편한 일이지만, 자연에는 자연스러운 이치다.

② 옥구저수지

미제저수지에서 진일보한 인공 저수지를 보고 싶다면 옥구저수지를 찾아야 한다. 옥구저수지는 일제강점기 간척 왕이라 불리던 후지이 간타로가 제방을 놓아 만들었다. 제방의 크기는 직접 걸어야 느낄 수 있다. 성인 남자의 걸음으로 족히 2시간은 걸어야 저수지를 한 바퀴 돌 수 있을 정도다. 저수지의 목적은 하나다. 일제가 수탈해 갈 쌀을 재배하기 위해 물을 대는 것. 옥구저수지를 중심으로 사방으로 펼쳐진 간척 평야는 넓고 고즈넉하면서도 가슴이 시린 공간이다. 그나마 오늘날까지 식량 생산으로 유명세를 떨치고 있다는 점에서 위안을 삼을 수 있다. 굳이 저수지를 한 바퀴 돌고 싶다면, 자전거를 추천한다.

③ 군산 근대화 거리

스타벅스 군산대점에서 시내 방향으로 가면 근대화 거리를 만난다. 군산의 별칭이 '시간 여행지'인데, 그 별명에 적확한 공간이 바로 근대화 거리다. 근대화 거리에 가면 일제강점기의 다양한 문화유산을 감상할 수 있다. 군산이 일제 미곡 수탈의 핵심 거점이 될 수 있었던 까닭은, 아무래도 지리적 장점 때문이다. 조수간만의 차가 커서 뜬다리 부두까지 고안해야 했지만, 너른 간척지를 조성할 수 있는 공간 조건을 무시

할 수는 없었다. 일제강점기 활발한 물자 교류를 토대로 세관이 발달했고, 돈과 사람이 돌았다. 시간 여행이 핵심이 터라, 군산 근대화 거리에는 스타벅스가 없다. 유동인구가 많아도 역사적 공간에 자본을 들이는 일은 제도적으로 무리수라는 거다.

④옥구향교

스타벅스 군산대점에서 옥정리 방향으로 구릉대를 따라 이동하다 보면 옥구향교를 만난다. 향교는 조선 시대에 그곳이 중요한 자리라는 증표다. 옥구향교의 출발이 조선 태종 때라고 하니, 시간적으로는 600년이 넘은 공간의 무게를 갖는다. 향교의 자리는 간척 이전 군산의 원형 공간을 추정하는 훌륭한 단서다. 향교가 기댄 광월산 자락의 구릉에서부터 미제저수지와 점방산으로 이어지는 낮은 구릉열은 소규모의 바다 간척을 통해 삶을 일궜던 오랜 선조의 생활공간이었다. 어디를 가든 해당 지역의 공간적 뿌리를 더듬고 싶다면 향교를 찾자.

도판 출처

핫 플레이스 — 그곳엔 꼭 스타벅스가 있다

17쪽	©이은서 (blog.naver.com/eunseo009/222503624363)
21쪽	©조선일보
23쪽	©땅집고 (조선일보)
30쪽	(위)·(아래) ©Starbucks Korea
33쪽	©bibliothekhs (blog.naver.com/bibliothekhs/222658285922)
43쪽	©estherpoon (shutterstock.com)
46쪽	©aaron choi (shutterstock.com)
49쪽	©Sanga Park (shutterstock.com)
53쪽	©최재희
57쪽	©2p2play (shutterstock.com)
64쪽	©Stock for you (shutterstock.com)
70쪽	©Songquan Deng (shutterstock.com)
71쪽	©Kaidor, published under CC BY-SA 3.0 (commons.wikimedia.org)
73쪽	©metamorworks (shutterstock.com)
74쪽	©rawpixel.com (Public Domain)

새롭게 탄생한 공간 — 스타벅스, 공간의 상징으로 자리매김하다

77쪽	©최재희
82쪽	©JUN2 (gettyimagesbank.com)
85쪽	©연합뉴스
88쪽	(위) ©최재희
	(아래) ©서울연구원(2019, 서울연구데이터서비스, data.si.re.kr, CC BY)
91쪽	(위) ©seungho lee (shutterstock.com)
	(아래) ©서울연구원(2020, 서울연구데이터서비스, data.si.re.kr, CC BY)
95쪽	©이자영 (blog.naver.com/anigang/222465705969)
97쪽	©김용민 (blog.naver.com/t507808/221282633551)
101쪽	©부산광역시(2020, kogl.or.kr, 공공누리 제1유형)
106쪽	©연합뉴스
111쪽	©김범진 (blog.naver.com/sybj0610/222570539849)
113쪽	©연합뉴스

116쪽 ©DreamArchitect (shutterstock.com)
119쪽 ©DreamArchitect (shutterstock.com)
122쪽 ©Marco Voltolini (shutterstock.com)
123쪽 ©Noiz Stocker (shutterstock.com)
125쪽 ©Tony Skerl (shutterstock.com)
130쪽 ©Songquan Deng (shutterstock.com)
131쪽 (위) ©claudio zaccherini (shutterstock.com)
(아래) ©Inspired By Maps (shutterstock.com)
133쪽 ©Nathan Bai (shutterstock.com)

암석이 만든 자리 — 스타벅스와 함께하는 여행은 즐겁다

137쪽 ©최재희
141쪽 ©Yeongsik Im (shutterstock.com)
143쪽 ©Stock for you (shutterstock.com)
154쪽 ©Yeongsik Im (shutterstock.com)
155쪽 ©최재희
158쪽 ©dipvisual (shutterstock.com)
161쪽 ©Ronan ODonohoe (shutterstock.com)
163쪽 ©연합뉴스
165쪽 ©연합뉴스
171쪽 ©한상규 (blog.naver.com/qara66/221369742667)
175쪽 (위) ©Stock for you (shutterstock.com)
(아래) ©Starbucks Korea
177쪽 ©Stock for you (shutterstock.com)
178쪽 ©Starbucks Korea
180쪽 ©purnayu (shutterstock.com)
182쪽 ©Starbucks Korea
183쪽 ©JIPEN (shutterstock.com)
185쪽 ©Starbucks Korea
187쪽 ©Stock for you (shutterstock.com)
191쪽 ©Rus S (shutterstock.com)
194쪽 ©Evgeniy Vasilev (shutterstock.com)

하천과 바다 — 그림 같은 풍경에 스타벅스를 더하다

197쪽 ©조세화 (blog.naver.com/dldlfclfdud/222539566188)
200쪽 ©Stock for you (shutterstock.com)
205쪽 ©조세화 (blog.naver.com/dldlfclfdud/222539566188)
206쪽 ©조세화 (blog.naver.com/dldlfclfdud/222539566188)
208쪽 ©yllyso (shutterstock.com)
209쪽 ©Stock for you (shutterstock.com)
211쪽 ©장세연 (blog.naver.com/wkdaldud123/222120482545)
216쪽 ©unununius photo (shutterstock.com)
220쪽 ©unununius photo (shutterstock.com)
224쪽 ©Esnanas Adams (shutterstock.com)
225쪽 ©Starbucks Korea
227쪽 ©Panwasin seemala (shutterstock.com)
230쪽 ©한국관광공사(2020, kogl.or.kr, 공공누리 제1유형)
231쪽 ©한국관광공사(2020, kogl.or.kr, 공공누리 제1유형)
240쪽 ©PhotoSeagull (shutterstock.com)
243쪽 ©photo.ua (shutterstock.com)
247쪽 ©최재희

부록 — 스타벅스와 함께 즐기는 주변 볼거리

249쪽 ©Zeedoherty (shutterstock.com)
250쪽 ©2p2play·©KIM DONGHO (shutterstock.com)
251쪽 ©ARTYOORAN·©EQRoy (shutterstock.com)
252쪽 ©Johnathan21·©Johnathan21 (shutterstock.com)
253쪽 ©Sean Pavone·©Stock for you (shutterstock.com)
254쪽 ©Flying Camera (shutterstock.com)
255쪽 ©Choi jangwon (shutterstock.com)
256쪽 ©문화재청(2015, kogl.or.kr, 공공누리 제1유형)·©Mirko Kuzmanovic (shutterstock.com)
257쪽 ©Johnathan21·©Narongsak Nagadhana (shutterstock.com)
258쪽 ©Stock for you·©Hyeonjeong Ka·©gom2ry (shutterstock.com)
259쪽 ©Joe_L (shutterstock.com)
260쪽 ©jin1223 (shutterstock.com)
261쪽 ©Stock for you·©soohyun kim (shutterstock.com)
263쪽 ©seo pilhyun·©KyungJae Ahn (shutterstock.com)

264쪽 ©ununuunius photo·©Stock for you (shutterstock.com)
265쪽 ©LavaB·©Sobeautiful (shutterstock.com)
266쪽 ©Yeongsik Im (shutterstock.com)

스타벅스 지리 여행

스타벅스에서 시작하는 공부가 되는 지리 여행

1판 1쇄 발행일 2022년 10월 5일
1판 2쇄 발행일 2023년 4월 20일

지은이 최재희
펴낸이 권준구 | 펴낸곳 (주)지학사
본부장 황홍규 | 편집장 윤소현 | 편집 김지영 양선화 서동조 김승주
기획·책임편집 윤소현 | 인포그래픽 정현욱 | 디자인 정은경디자인
마케팅 송성만 손정빈 윤술옥 박주현 | 제작 김현정 이진형 강석준 오지형
등록 2017년 2월 9일(제2017-000034호) | 주소 서울시 마포구 신촌로6길 5
전화 02.330.5265 | 팩스 02.3141.4488 | 이메일 booktrigger@jihak.co.kr
홈페이지 www.jihak.co.kr | 포스트 http://post.naver.com/booktrigger
페이스북 www.facebook.com/booktrigger | 인스타그램 @booktrigger

ISBN 979-11-89799-81-6 03980

북트리거

트리거(trigger)는 '방아쇠, 계기, 유인, 자극'을 뜻합니다.
북트리거는 나와 사물, 이웃과 세상을 바라보는 시선에 신선한 자극을 주는 책을 펴냅니다.